Om Kumari
Divya Gupta
Vikesh Kumar

Estudo cinético de cetoácidos e álcoois

Om Kumari
Divya Gupta
Vikesh Kumar

Estudo cinético de cetoácidos e álcoois

ScienciaScripts

Imprint
Any brand names and product names mentioned in this book are subject to trademark, brand or patent protection and are trademarks or registered trademarks of their respective holders. The use of brand names, product names, common names, trade names, product descriptions etc. even without a particular marking in this work is in no way to be construed to mean that such names may be regarded as unrestricted in respect of trademark and brand protection legislation and could thus be used by anyone.

Cover image: www.ingimage.com

This book is a translation from the original published under ISBN 978-613-4-90787-3.

Publisher:
Sciencia Scripts
is a trademark of
Dodo Books Indian Ocean Ltd. and OmniScriptum S.R.L publishing group

120 High Road, East Finchley, London, N2 9ED, United Kingdom
Str. Armeneasca 28/1, office 1, Chisinau MD-2012, Republic of Moldova, Europe
Printed at: see last page
ISBN: 978-620-8-09416-4

CONTEÚDO

PREFÁCIO

A cinética química é um ramo da química que se ocupa da medição das velocidades das reacções químicas. Uma teoria ideal da cinética química começaria com a equação dependente do tempo, que poderia ser resolvida para prever as velocidades de processos físicos e químicos tão simples como a alteração do estado energético de uma molécula e as reacções de transferência de energia, nas quais não ocorrem alterações químicas líquidas, mas a energia é transferida entre moléculas. A cinética química continua a ser, ainda hoje, um dos instrumentos mais importantes para descobrir o mecanismo indeterminado de uma reação. Assim, devido ao desenvolvimento de técnicas físicas modernas, como a RMN, o infravermelho, o UV, o visível, a espetroscopia de absorção, os espectros de massa, a epr, a termogravimetria, a colorimetria, a polarografia, etc., e à vasta e vasta aplicabilidade da alta e da supertecnologia, foi possível lançar uma nova luz e horizontes sobre o mecanismo de reação e obter uma imagem completa das reacções. A elucidação do mecanismo de reação continua a ser um dos problemas mais fascinantes da química inorgânica e orgânica. A cinética química forneceu um conjunto de informações preciosas sobre a natureza e o decurso de uma reação, nomeadamente a molecularidade, a concentração, o percurso da reação, a frequência do complexo ativado, a massa, a temperatura e outras propriedades, tais como a influência dos grupos substituintes e as alterações estruturais, a equação da velocidade, o efeito do sal, o efeito isotópico, os parâmetros de ativação e várias alterações ambientais, etc., como a polaridade do solvente, o pH e as alterações catalíticas numa reação. O estudo acima referido conduz a trabalhos de estequiometria, identificação de produtos intermédios e isolamento de produtos finais como apoio indireto ao mecanismo de reação.

LISTA DE PUBLICAÇÕES

Publicações

1 UM ESTUDO CINÉTICO E MECANÍSTICO DA OXIDAÇÃO CATALISADA DE Rh (III) DO ÁCIDO 3-KETOGLUTÁRICO PELA BROMAMINA -T EM MEIO ÁCIDO, **Pesquisa e Revisão: Jornal de Química** (2013) Vol.2, Edição 3, 16-22.

2 estudo cinético e mecânico da oxidação catalisada de rh(iii) do 2-metil-butano-1-ol por bromamina-t em meio ácido. **Pesquisa e Revisão: Journal of Chemistry** (2013) Vol.2, Issue 3, 32-39.

3 estudo cinético e mecânico da oxidação catalisada por rh(iii) do 2-metil-propano-1-ol pela bromamina-t em meio ácido. **Revista de Ciências Químicas, Biológicas e Físicas.** (2016) (novembro 15- janeiro 16, Vol. 6, Issue 1, Page 294-310).

ABREVIATURAS

Words	:	Abbreviation
Bromamaine-T		BAT
Namely	:	Viz.
Rate observed	:	k_{obs}
logarithms	:	lg
High technology	:	Hi-tech.
Second	:	s
Dielectric constant	:	D
Kilo Joule	:	kJ
Joule Kelvin	:	JK
moles per cubic decimetre	:	mol. dm^{-3}
rate determining step	:	rds
meta	:	m
para	:	p
Kelvin	:	K

CAPÍTULO I

INTRODUÇÃO

Cinética química e seu alcance:

As observações cinéticas sobre as reacções ajudam a elucidar o mecanismo de reação, que sempre foi objeto de interesse para vários cientistas devido à ampla aplicabilidade deste conceito na compreensão das caraterísticas salientes, electrónicas, estruturais e estereoquímicas dos processos químicos.

A aplicação da cinética em processos biológicos como a digestão[1], o metabolismo[2], o crescimento bacteriano[3] e o crescimento de tecidos malignos[4] foi medida no passado. No sector da engenharia química, a cinética é utilizada no processo de conceção de reactores[5]. O mecanismo do processo de fluxo em geologia é investigado no âmbito da aplicação da cinética[6]. A observação cinética é utilizada para elucidar o mecanismo de reação em química orgânica e inorgânica[7]. A medição cinética é utilizada na engenharia mecânica para determinar a mobilidade das deslocações cristalinas[8]. Além disso, na química medicinal, a ação dos medicamentos e outras caraterísticas farmacológicas são estudadas com a ajuda de dados cinéticos[9]. Na física, processos como o nuclear[10], a viscosidade[11] e o processo de difusão[12] estão ligados e são controlados por dados cinéticos.

Os seus aspectos aplicados de cinética podem ser julgados nas indústrias do couro, química analítica, separação química e identificação de compostos orgânicos nas indústrias do couro[13] e da pasta de papel[14].

As observações cinéticas ajudam a controlar o curso da reação e também os produtos. Assim, as condições necessárias para obter um determinado produto podem ser previstas com êxito. O conhecimento do mecanismo através do qual os produtos da natureza desejada podem ser obtidos a partir dos reagentes é muito valioso. As investigações cinéticas, em conjunto com outras técnicas, constituem uma das formas mais satisfatórias de obter informações sobre as vias de reação envolvidas numa determinada reação. A abordagem através da cinética requer uma consideração profunda da imagem detalhada do processo e tem um carácter mais explicativo, mas infelizmente, em geral, não é simples, mas mais complicada e difícil de aplicar para elucidar o mecanismo de reação.

As investigações cinéticas dependem do tempo e dizem respeito às velocidades das reacções químicas. A dependência das reacções em relação a diferentes espécies reactivas de vários reagentes, o efeito da alteração da força iónica do meio na velocidade de reação, o efeito da constante dieléctrica do meio na velocidade de reação, o efeito da variação do pH na velocidade de reação, etc., são alguns dos factores importantes que orientam eficazmente a elucidação do mecanismo de reação de uma reação em soluções. Os parâmetros de ativação, tais como a energia de ativação e a entropia de ativação, também fornecem alguns factores de orientação e informações sobre as vias de reação de uma determinada reação.

Nas reacções catalisadas, foi referido que se formam vários tipos de produtos intermédios de curta duração e que, durante a formação desses produtos intermédios, os catalisadores desempenham um papel importante. Assim, parece que as vias de reação para as reacções catalisadas são diferentes das vias de reação para as reacções não catalisadas, embora os produtos finais para os processos catalisados e não catalisados sejam os mesmos. Por vezes, a caraterização e a natureza dos produtos de reação também são de grande utilidade para decidir as vias de reação. Na maior parte dos estudos de cinética química das reacções, foi relatada a formação de radicais livres e a existência desses radicais livres foi demonstrada pela aplicação de alguns sequestradores, como o acetato de alilo, os monómeros de vinilo e o bifenil picrilo hidrazilo, que prendem prontamente os radicais livres e impedem o progresso da reação. A estrutura e a concentração dos radicais livres podem ser obtidas através de estudos de ressonância paramagnética eletrónica (EPR).

Os métodos isotópicos e polarográficos são por vezes utilizados para o estudo do mecanismo de reacções orgânicas e inorgânicas quando um reagente é convertido noutro reagente durante a reação, com alteração do estado de oxidação, a reação é designada por processo redox. O potencial redox é o principal fator de orientação de qualquer reação redox. A reação de oxidação e a reação de redução são complementares entre si e ocorrem simultaneamente. Vários processos redox têm sido utilizados de tempos a tempos, tanto globalmente como passo a passo.

A tecnologia laser, a fotólise flash, a taxa de crescimento de malignidade no cancro, a taxa de circulação sanguínea no corpo e a taxa de movimento dos tecidos em bioplantas, etc., são aplicadas a medições cinéticas na gama de pico segundos. A cinética utilizou a teoria das orbitais moleculares para fornecer uma forte evidência de alterações na ordem das electronegatividades com base em reacções redox. Durante os últimos tempos, tornou-se interessante investigar a via mecanicista das reacções redox. Inicialmente, este campo era pouco investigado, uma vez que o mecanismo variava muito em função dos agentes oxidantes e redutores utilizados. A oxidação de compostos orgânicos pode ser representada como transferência de electrões, transferência de hidretos, transferência de átomos de H e mecanismos de adição-eliminação e deslocamento.

A partir da revisão e discussão da literatura acima referida, é evidente que a oxidação de cetoácidos e álcoois com BAT não está definitiva e explicitamente estabelecida. Também é incerto, no entanto, que parte do grupo ceto desempenha o verdadeiro local de ataque. Uma vez que os estudos relacionados com a oxidação de cetoácidos e álcoois por BAT são raros na literatura e a sua importância em vários processos cinéticos pode ser frutuosa no estabelecimento do mecanismo de interação.

Para explorar a possibilidade de realizar os estudos experimentais que se seguem, foram efectuados em pormenor:

1.   Oxidação de cetoácidos e álcoois com [BAT].

2.   Dependência da taxa na concentração do oxidante [BAT].

3.   Dependência da taxa com a concentração de substrato.

4.   Dependência da taxa em relação à concentração de ácido.

5.   Dependência da taxa em relação aos catalisadores.

6.   Caminhos mecanísticos para a oxidação de cetoácidos e álcoois

CAPÍTULO II

REVISÃO DE LITERATURA

Ródio como catalisador:

O catalisador de ródio demonstrou ser um promotor adequado para a ativação de ligações C-H, que emergiu como uma ferramenta desafiadora e atraente para a catálise. A catálise de ródio encontra um interesse crescente no acoplamento cruzado desidrogenativo catalítico, permitindo uma construção elegante de ligações C-C. Embora o paládio tenha sido o metal de eleição para a maioria dos exemplos, os catalisadores de ródio podem ser promotores adequados para esta ativação. A utilização de catalisadores de ródio permite o acesso a acoplamentos importantes, tais como aril-aril, arilalceno e alceno-alceno, rotas viáveis para estruturas orgânicas valiosas.

Ojima et.al.[15] examinaram a ciclohidrocarbonilação catalisada por ródio e a sua aplicação à síntese de [+] - prosopinina e [-] deoxoprosofilina. Estas duas pequenas sínteses totais demonstram claramente a utilidade do processo de ciclohidrocarbonilação extremamente regiosselectivo desenvolvido nestes laboratórios para a síntese concisa de alcalóides piperdina e compostos relacionados.

Jinhai et.al.[16] observaram a hidroformulação de estireno catalisada por ródio homogéneo não modificado. As duas expressões de taxa para a hidrogenólise são consistentes com [1] equilíbrio controlado pela dissociação de ligandos CO dos intermediários acilo para formar espécies coordenadamente insaturadas, [2] uma etapa determinante da taxa que envolve a ativação do hidrogénio.

David et.al.[17] estudaram a aplicação de ligandos quirais mistos de fósforo/enxofre no processo de hidrogenação de aminoácidos e de hidrossililação de cetonas catalisado por ródio enantioselectivo. Desenvolveram um modelo para a indução assimétrica na reação de hidrogenação no contexto do modelo existente, baseado na estereoquímica absoluta dos produtos e na estrutura cristalina de raios X dos precursores e intermediários do catalisador.

Garrett[18] sintetizou enantiómeros de um ligando p- Chiro 1,2- Bisphopholanoethane por vias convergentes e descobriu a aplicação à hidrogenação assimétrica catalisada por ródio de Cl⁻ 1008 [Pregabalina].

Zarka et.al.[19] sintetizaram um carbeno cíclico N-hetero [NHC] catalisado por ródio imobilizado num suporte de copolímero em bloco anfifílico e solúvel em água. O macroligante resultante foi aplicado na hidroformulação de 1-octeno em condições aquosas de duas fases em quatro ciclos consecutivos e mostrou uma elevada atividade até 2360 h⁻¹ .

Shintani[20] desenvolveu uma adição assimétrica 1, 4- catalisada por ródio de ácidos arilbóricos para formar compostos de ácido fumárico e maleico. Enquanto os ligandos quirais à base de fósforo não conseguem induzir uma elevada seletividade estéreo, os ligandos quirais de norbornadieno provaram ser excecionalmente eficazes para obter uma elevada enatioselectividade nestas reacções de adição 1, 4.

Robert et.al.[21] discutiram o papel do catalisador de ródio na síntese da [+]-lasubina II. A seletividade do produto parece ser regida por uma combinação de elementos electrónicos e estéricos, com substituintes mais pequenos ou mais deficientes em electrões a favorecer a formação de lactamas. A utilização de isocinatos de alquenilo homogéneos conduz a uma síntese total assimétrica expedita do alcaloide lasubina II.

Ródio (III) como catalisador:

Matsuo e Sachiyo[22] descobriram que o Rh[III] é adequado para a ciclometalação da 2-[2-tienil] e 2-[3-tienil] piridina. A estrutura dos complexos obtidos é semelhante à do complexo correspondente da 2-fenilpiridina ciclometalada.

Roger e Michael[23] desenvolveram uma alteração da hapticidade do areno induzida por redox num sistema misto - sanduíche de ródio [III]: uma aplicação mecanicista ilustrativa da reação de troca de electrões foi comprovada com a ajuda de dados cinéticos.

Maushumi et. al.[24] desenvolveram uma abordagem nova e generalizada para a síntese de ródio [III].

Jiang et.al.[25] utilizaram o ródio como um catalisador eficiente para a aziridinação de sulfonamidas e a amidação de esteróides. As sulfonamidas insaturadas foram submetidas a aziridinação intermolecular direta catalisada por Rh2[OAc]4 com Phl [OAc]2 e Al2O3 para dar os produtos aziridínicos correspondentes em excelentes rendimentos e com conversões boas a excelentes.

Elena et.al.[26] obtiveram um novo ligando bis tripodal através de um método simples. A coordenação deste ligando a Rh fornece o primeiro complexo Rh[III] com um ligando bis [carbeno] numa coordenação tripodal, e as suas propriedades catalíticas para a transferência de hidrogénio foram examinadas.

Nils et.al.[27] relataram que a bromação e a iodação selectivas catalisadas por Rh(III) de heterociclos ricos em electrões. As investigações cinéticas mostram que o Rh desempenha um papel duplo na bromação, catalisando as halogenações dirigidas e evitando as halogenações inerentes a estes substratos. Como resultado, este método permite um acesso altamente seletivo a valiosos heterociclos halogenados com regioquímica complementar à obtida utilizando abordagens não catalisadas, que dependem da reatividade inerente a estas classes de substratos. Podem ser aplicados furanos, tiofenos, benzotiofenos, pirazóis, quinolonas e cromonas.

Hong et.al.[28] demonstraram uma nova alquilação direta catalisada por Rh(III) de azobenzenos com acetatos de alilo através da ativação e funcionalização C-H, em que os acetatos de alilo servem como agentes de alquilação únicos. A alquilação catalisada por ródio proporciona uma abordagem altamente eficiente e económica em termos de átomos a uma série de compostos azóicos.

Christopher et.al.[29] relataram o primeiro exemplo de um procedimento de bromação C -H *meta-selectiva* catalisada por metais de transição. Na presença do catalisador [{Ru(p-cymene)Cl2}2], o tribrometo de tetrabutilamónio pode ser utilizado para funcionalizar a ligação *meta* C -H de derivados de 2-fenilpiridina, proporcionando assim produtos de difícil acesso que são altamente predispostos a uma derivatização posterior.

Demonstram esta utilidade com procedimentos de bromação/arilação e bromação/alquenilação num só lote para obter produtos *meta-arilados* e metaalquenilados, respetivamente, numa única etapa.

Xiaoming[30] apresentou a primeira arilação catalisada por Cp*Rh(III) de ligações $C(sp^3)$-H não activadas. A ligação $C(sp^3)$-H primária não activada de 2-alquilpiridinas pode ser activada por Rh^{III} e reage posteriormente com triarilboroxinas para construir eficientemente novas ligações $C(sp^3)$-arilo. A metodologia também fornece uma síntese fácil e eficiente de triarilmetanos não simétricos por catalisação de $C(sp^3)$-H arilação de diarilmetanos catalisada por Rh(III).

Siwei[31] desenvolveu um novo método para a cianação C-H direta catalisada por Rh(III), suave e eficiente, de uma gama diversificada de *N-metoxibenzamidas*, utilizando *N-ciano-N-fenil-p-toluenossulfonamida* como reagente cianante eficiente e amigo do ambiente. Esta nova reação decorreu com uma boa regiosselectividade para fornecer acesso direto a uma grande variedade de valiosas *N-metoxibenzamidas orto*-cianadas com tolerância do substrato/grupo funcional.

Angel[32] descreveu que a capacidade de estabelecer uma seletividade de sítio comutável através do controlo do catalisador na funcionalização direta de moléculas que contêm ligações C-H distintas continua a ser um desafio exigente que permitiria a construção de diversos scaffolds a partir dos mesmos materiais de partida. Neste trabalho descrevemos a concretização deste objetivo, nomeadamente a funcionalização divergente heteroaril/aril C-H de derivados aromáticos de picolinamida, visando dois sítios C-H distintos, quer no anel piridina quer na unidade areno, para obter derivados isoquinolínicos ou benzilamina (ou fenetilamina) *orto-olefinados*. Essa reatividade complementar foi alcançada com base em um interrutor Rh (III)/Rh (I no catalisador, resultando em diferentes resultados mecanísticos. **Notavelmente**, uma série de estudos experimentais e mecanísticos DFT revelou importantes insights sobre o mecanismo da reação e as razões por trás do resultado químico da região divergente.

Todd[33] referiu que as enzimas proporcionam um ambiente quiral requintadamente adaptado para promover actividades catalíticas e seletividade elevadas, mas as suas estruturas nativas são optimizadas para transformações bioquímicas muito específicas.

A conceção de uma proteína para acomodar um complexo de metal de transição não nativo pode alargar o âmbito das transformações enzimáticas, aumentando simultaneamente a atividade e a seletividade da catálise de pequenas moléculas. Neste trabalho, os autores relatam a criação de uma metaloenzima artificial bi-funcional em que um resíduo de ácido glutâmico ou de ácido aspártico, introduzido na estreptavidina, actua em conjunto com um complexo de ródio(III) biotinilado acoplado para permitir a ativação catalítica assimétrica do CH. O acoplamento de benzamidas e alcenos para aceder a di-hidroisoquinolonas ocorre com uma aceleração da taxa de quase cem vezes em comparação com a atividade do complexo de Rh isolado e com rácios enantioméricos tão elevados como 93: 7

Wencel J[34] desenvolveu C(6)Br(seis) & drogas! O C(6)Br(6) pode ser utilizado como co-oxidante/modificador do catalisador para o acoplamento cruzado desidrogenativo [Rh(III)Cp*]catalisado (Cp*=C(5)Me(5)) de benzamidas com derivados simples de benzeno (ver esquema, DG=grupo diretor). Do mesmo modo, podem ser acoplados heterociclos e formadas estruturas semelhantes a fármacos. Estudos mecanísticos sugerem um papel único e múltiplo do sistema Cu (OAc) (2) / C (6) Br (6) e uma ativação C-H não assistida por quelato como a etapa determinante da taxa.

Rakshit[35] desenvolveu uma eficiente olefinação oxidativa catalisada por Rh(III) através da ativação dirigida da ligação C-H de N-metoxibenzamidas. Neste processo suave, prático, seletivo e de elevado rendimento, a ligação NO actua como um oxidante interno. Além disso, a simples mudança do substituinte do grupo direcionador / oxidante resulta na formação seletiva de valiosos produtos de tetrahidroisoquinolinona

Huang[36] relatou que um grupo diretor sem traços também actua como oxidante interno num novo protocolo catalisado por Rh(III) desenvolvido para a síntese de anilinas terciárias orto-alkeniladas. Um complexo de Rh(III) ciclometalado de cinco membros é proposto como um intermediário plausível e confirmado por análise cristalográfica de raios X.

Park[37] desenvolveu um novo procedimento catalítico de orto-olefinação de benzoatos e benzaldeído. As unidades de éster e carboxaldeído revelaram ser grupos quelantes eficazes na focalização da ativação de ligações C-H de arilo orto em relação às porções direccionadoras sob condições oxidativas catalisadas por Rh-. A reação é altamente regiosselectiva com uma gama de benzoatos e benzaldeídos, permitindo a olefinação eficiente com acrilatos, ácido acrílico e estirenos.

Sharma[38] relatou que é descrita a acilação oxidativa catalisada por ródio entre benzamidas secundárias e aldeídos arilo através da ativação da ligação C-H sp(2) seguida de uma ciclização intramolecular. Este método resulta na síntese direta e eficiente de blocos de construção de 3-hidroxiisoindolin-1-um.

Takeishi[39] desenvolveu uma nova hidroacilação intramolecular de 5- e 6-alcinos que conduziu a alfa-alquilidenocicloalcanonas, utilizando um complexo catiónico de ródio (I)/BINAP. Para todas as ciclizações descritas, foi obtido um único isómero (E)-olefina. A temperatura elevada, a hidroacilação e a migração de ligações duplas de 5- e 6-alcinos procederam a uma reação num único frasco para dar cicloalcenonas. A hidroacilação intramolecular de um 7-alcalino não foi bem sucedida. Este método representa uma nova e atractiva via para a obtenção de alfa-alquilidenocicloalcanonas e cicloalcenonas altamente funcionalizadas.

$_2$Rostrupnielsen[40] desenvolveu catalisadores à base de Ni, Ru, Rh, Pd, Ir e Pt que são comparados para a reforma do metano através do estudo do equilíbrio da decomposição do metano, da atividade de reforma e da formação de carbono, bem como da seletividade para a formação de carbono. A substituição do vapor por dióxido de carbono não tem um impacto significativo no mecanismo de reforma. Todos os catalisadores apresentam constantes de equilíbrio para a decomposição do metano inferiores às do catalisador à base de grafite, sendo o efeito maior para os metais nobres. O Ru e o Rh mostram uma elevada seletividade para o funcionamento sem carbono, o que pode ser descrito como altas taxas de reforma combinadas com baixas taxas de formação de carbono. É possível obter uma seletividade elevada semelhante com um catalisador de níquel passivado com enxofre

Bromamina-T como oxidante:

Singh et.al.[41] estudaram a cinética da oxidação catalisada por ruténio (III) do isopropanol por bromamina-T em ácido perclórico. A cinética do título é de 1ª ordem para cada bromamina-T, Me2CHOH, Ru(III) e H$^+$. A taxa diminui com o aumento da concentração de Cl, e a força iónica e o p-MeC$_6$ H4SO2NH2 não têm efeito na reação. O ácido conjugado (I) da bromamina-T é a verdadeira espécie oxidante na reação em que a reação entre I e [RuCl$_5$ ×Me$_2$ CHOH]$_2^-$ é determinante.

Singh et.al.[42] examinaram a catálise do Ru(III) na oxidação do n-propanol e do n-butanol por soluções ácidas de bromamina-ULE. A cinética da oxidação catalisada pelo Ru(III) do n-propanol e do n-butanol por soluções ácidas de bromamina-T foi investigada. Os resultados mostram que a oxidação de ambos os álcoois segue uma cinética de primeira ordem na bromamina-T, em ambos os álcoois, na concentração de iões de hidrogénio e no Ru(III). Foi observado um efeito decrescente da variação do ião cloreto na reação. Não se observou qualquer efeito da *p-toluensulfonamida* e da força iónica do meio. Os parâmetros de ativação foram calculados e registados. Foi proposto um mecanismo adequado em conformidade com as observações anteriores.

Uma dependência de ordem zero para [BAT] e uma dependência de primeira ordem para algumas cetonas e concentrações de iões de hidrogénio foram observadas noutros locais[43] . A estequiometria observada, os efeitos nulos da força iónica do meio e da *p-toluenossulfonamida* (TSA) e um efeito dielétrico negativo apontam para um mecanismo que envolve a enolização catalisada por ácido de cetonas na etapa lenta e determinante da taxa, seguida da sua subsequente interação rápida com [BAT], dando as correspondentes 1,2-dicetonas como produtos finais. Foi observado um efeito isotópico do solvente (kD O/kH$_{22}$ O = 2,0-2,2 (35°), 2,1-2,3 (40°) e 2,2-2,4 (35°), 2,3-2,5 (40°) para ciclopentanona e ciclohexanona, respetivamente. Foram calculados vários parâmetros termodinâmicos.

A cinética de oxidação da metil vinil cetona e da isopropil cetona pela cloramina-T em soluções aquosas alcalinas mostra uma dependência de primeira ordem da cloramina-T, dos substratos e do álcali. Não foi evidente qualquer efeito da p-toluenossulfonamida[44] . A estequiometria observada, o efeito negligenciável da força iónica e um efeito dielétrico positivo apontam para um mecanismo que envolve a interação dos aniões enolatos com a cloramina-T na etapa determinante da taxa. Os parâmetros de ativação e o isolamento do produto formaldeído estão de acordo com o mecanismo proposto.

Puttaswamy et.al[45] afirmaram que a balsalazida (BSZ) pertence a uma classe de fármacos anti-inflamatórios não esteróides. A cinética e o mecanismo de oxidação da BSZ com N-halo-p-toluenossulfonamidas de sódio, nomeadamente cloramina-T(CAT) e bromamina-T[BAT] em meio $HClO_4$, foram investigados espectrofotometricamente (λmax =357nm) a 303 K. Em condições experimentais comparáveis, as reacções com ambos os oxidantes seguem uma dependência de primeira ordem da taxa em relação a [BSZ] e uma dependência de ordem fraccionada em relação a cada [oxidante] e [$HClO_4$]. Foram calculados os parâmetros de ativação e as constantes de reação. O ácido 2-hidroxi-5-nitroso-benzoico e o ácido 3-(4-nitroso-benzoilamino)-propiónico são identificados como os produtos de oxidação do BSZ com CAT e [BAT]. A taxa de oxidação da BSZ é cerca de cinco vezes mais rápida com [BAT] do que com [CAT]. Foi deduzido um mecanismo plausível e uma lei de velocidade relacionada para a cinética observada.

Diwyal[46] estudou a cinética e a oxidação do ácido tranexâmico (TX) [ácido trans -4-(aminometil) ciclo-hexanocarboxílico] pela bromamina de sódio -N- bromo -p-toluenossulfonamida (bromamina - T ou BAT) em meio de ácido clorídrico utilizando RuCl3 como catalisador a 303K. A taxa foi de primeira ordem em [BAT], ordem fraccionada em [TX], primeira ordem em $RuCl3$, ordem fraccionada em [H^+] e [PTS]. A adição de NaCl e NaBr não afectou a velocidade da reação, o que indica que a velocidade da reação depende apenas de [H^+]. A variação da força iónica não afectou a velocidade da reação, indicando que espécies não iónicas estão envolvidas no passo limitador da velocidade. O efeito dielétrico é positivo. A taxa aumentou com o aumento da temperatura de 293K para 323K. A partir do gráfico linear de Arrhenius, foram calculados os parâmetros de ativação. A adição da mistura de reação a uma solução aquosa de acrilamida não iniciou a polimerização, mostrando a ausência de produtos de oxidação de espécies de radicais livres.

O oxidante protonado H2O+Br é a espécie reactiva que reage com o substrato. Com base nos resultados cinéticos, na estequiometria da reação e nos produtos de oxidação, foi proposto um mecanismo adequado.

Ramachandrappa et.al[47] investigaram a cinética e a oxidação de Voglibose VB, *(1S,2S,3R,4S,5S') - 5 -(1,3 - dihidroxipropano -2 - ylamino) - 1 - (hidroximetil)ciclohexano- 1,2,3,4 - tetraol] por Bromamina - T [BAT] em meio de ácido clorídrico foram estudados a 303K. A taxa é de primeira ordem em [BAT] e de ordem fraccionada em [VB]o e [H+]. A adição de NaCl, NaBr e PTS não afectou a velocidade da reação. Assim, a dependência da velocidade em relação a [HCl] reflecte o efeito de [H^+] apenas na reação. A variação da força iónica não afectou a velocidade da reação, indicando que espécies não iónicas estão envolvidas no passo limitador da velocidade. O efeito dielétrico é positivo. A taxa aumentou com o aumento da temperatura de 293K para 323K. A partir do gráfico linear de Arrhenius, foram calculados os parâmetros de ativação. A adição da mistura de reação a uma solução aquosa de acrilamida não iniciou a polimerização, mostrando a ausência de espécies de radicais livres. Os produtos de oxidação foram identificados. O oxidante protonado C6H5 - $CH_3SO_2NH_2Br^+$ é a espécie oxidante que reage com o substrato. Com base nos resultados cinéticos, na estequiometria da reação e nos produtos de oxidação, foi proposto um mecanismo adequado.

Ramachandrappa et.al[48] efectuaram um estudo cinético sobre a oxidação da levocarnitina (LC) catalisada por $RuCl_3$ através da N-bromo-p-toluenossulfonamida de sódio ou da bromamina-T [BAT] em meio de HCl a 303 K. A velocidade da reação mostra uma dependência de primeira ordem de [BAT] e uma ordem fraccionada em relação a [LC] e [H^+]. A adição do produto da reação, p- toluenossulfonamida, retarda a velocidade. A adição de RuCl3 e de iões cloreto à mistura reacional revela um aumento da velocidade da reação. O efeito dielétrico é positivo. A variação da força iónica do meio não tem efeito significativo na velocidade da reação. A reação não consegue iniciar a polimerização da acrilamida. Foi proposta uma cinética do tipo Michaelis-Menten. Os parâmetros termodinâmicos foram calculados a partir do gráfico de Arrhenius, estudando a reação a diferentes temperaturas. A estequiometria da reação e os produtos de oxidação foram identificados. Com base nas observações experimentais, foi proposto um mecanismo adequado e deduzida uma lei de velocidade.

Ramachandrappa et.al.[49] relataram que a cinética da oxidação da aspirina (ASP) pela bromamina-T [BAT], N-bromosuccinimida (NBS) e N-bromoftalimida (NBP) foi estudada em ácido perclórico aquoso a 303 K. A reação de oxidação segue uma cinética idêntica com primeira ordem em [oxidante], ordem fraccionada em [ASP] e ordem fraccionada inversa em [H^+]. Em condições experimentais idênticas, a extensão da oxidação com diferentes agentes oxidantes é da seguinte ordem NBS>BAT>NBP. A taxa diminui com a diminuição da constante dieléctrica do meio. A variação da força iónica e a adição dos produtos da reação e dos iões halogenetos não tiveram um efeito significativo na velocidade da reação. O efeito isotópico do solvente foi estudado utilizando D_2O. Os parâmetros cinéticos foram avaliados através do estudo da reação a diferentes temperaturas. Os produtos da reação foram identificados por GC-MS. O mecanismo de reação proposto e a lei de velocidade derivada são consistentes com os dados cinéticos observados. Foram avaliadas as constantes de formação e decomposição dos complexos ASP-oxidante.

Swamy[50] investigou a taxa de oxidação do 4-acetamidofenol ou paracetamol (PAM) pela bromamina-T [BAT] em soluções de $HClO_4$ a 303 K, mostrando uma dependência de primeira ordem de [BAT] e uma dependência de ordem fraccionada de [PAM] e [H^+]. As variações da força iónica do meio e a adição do produto de redução do MTD e dos iões halogenetos não têm efeito significativo na taxa. A constante dieléctrica do solvente mostra um efeito positivo na taxa. Foi observado um efeito isotópico do solvente de $k'(H_2O)/k'(D_2O) = 0,88$. A mistura de reação não induz a polimerização do acrilonitrilo, o que sugere a ausência de formação de radicais livres in situ. Foi proposta uma cinética do tipo Michaelis-Menten e foram determinados parâmetros de ativação para a etapa determinante da taxa e para a reação composta. Foram avaliadas as constantes de formação e de decomposição. O oxidante protonado, $ArNH_2Br+$, é considerado a espécie reactiva. O produto de oxidação do PAM foi caracterizado como

4-amino-2, 6-dibromofenol. Foi proposto um mecanismo plausível consistente com os dados cinéticos.

Swamy[51] relatou a cinética da oxidação de 2-propanona, 2-butanona, 2-pentanona, 3-pentanona e 4-metil-2-pentanona pelo sal de sódio da N-bromo-p-toluenossulfonamida ou bromamina-T [BAT] na presença de $HClO_4$ foi estudada a 30°C. As variações da força iónica do meio ou a adição do produto de reação p-toluenossulfonamida não têm efeito sobre a velocidade. O efeito dielétrico é positivo. Assume-se que a enolização da cetona catalisada por ácido é o passo limitador da velocidade e foram calculados os coeficientes da taxa de enolização. Os estudos de inventário de protões efectuados em misturas de $H\ O\text{-}D_{22}\ O$ foram utilizados para calcular os factores de fracionamento isotópico. A temperatura isocinética é de 320 K, o que indica que a entalpia é um fator de controlo.

Alsediq[52] investigou os estudos cinéticos e de mecanismo da oxidação do ácido etileno di amina tetra acético (EDTA) pela bromamina-T (BAT) em tampão acético de pH 5. A reação apresentou uma primeira ordem em [BAT] e uma ordem fraccionada em [EDTA] e [H^+]. A adição do produto da reação (tolueno sulfonamida) ou a variação da força iónica do meio não tem efeito sobre a velocidade. Foi proposto um mecanismo que envolve o ataque electrofílico do halogéneo positivo de [BAT] ao azoto neutro do EDTA.

Patil et.al.[53] relataram que foi estudada a cinética da oxidação catalisada por Ag+ da 3-Nitrobenzamida pelo sal de sódio da N-bromo paratoluensulfonamida [BAT] em meio aquoso. Os resultados do estudo indicam que a reação foi considerada de primeira ordem em relação à [BAT] e à 3-nitrobenzamida. Observou-se que a velocidade específica da reação aumenta com o aumento da concentração de [MTD], bem como da concentração de amida, e que a velocidade específica não é afetada pela adição de acetato de alilo, cloreto de sódio, PTS e pela alteração do pH. Com base nestes resultados cinéticos, é proposto um possível mecanismo de reação e foi também feita uma tentativa de formular um esquema de reação.

OXIDAÇÃO DE ÁLCOOIS

Sunderam et al.[54] Investigaram a cinética de oxidação de álcoois secundários, incluindo álcoois cíclicos, pela N-bromossacarina na presença de sacarina adicionada e acetato de Hg(II). As reacções apresentam uma dependência de primeira ordem do oxidante e do substrato, exceto no caso do propan-2-ol e do butan-2-ol, em que a ordem é inferior à unidade. A ordem de reatividade observada é propan-2-ol < butan-2-ol, pentan-2-ol, octan-2-ol, *ou seja,* a taxa de oxidação aumenta com o aumento do comprimento da cadeia de carbono. Para os álcoois cíclicos, a ordem de reatividade observada é ciclo-pentanol, <ciclo-heptanol <ciclo-octanol. As cetonas foram registadas como produto de oxidação.

Ganesan et.al;[55] relataram a cinética de oxidação de ciclohexanol e terc-butilciclohexanóis por NCSA em ácido perclórico e ácido acético aquoso. As reacções são de primeira ordem para cada oxidante e substrato. O álcool equatorial é oxidado mais rapidamente do que o álcool axial. Venkatsubramanian et al. registaram a oxidação de álcoois secundários tomando o propan-2-ol como substrato principal e na ausência de sacarina adicionada.

Em mistura de solventes binários de ácido acético e água, na presença de acetato de Hg (II). A reação é catalisada por ácido, mas não se observou uma dependência específica de $[H^+]$. O valor de p= -2,3 sugere a formação de um estado de transição deficiente em electrões.

Os passos mecânicos da oxidação de álcoois primários foram explorados cineticamente por Sharma[56] et al. A reação foi catalisada por ácido e exibiu a cinética de Michaelis-Menten no substrato. A cisão C-H no passo mecanístico foi sugerida com base na não reatividade do álcool terc-butílico em condições experimentais semelhantes. O valor de 0 e w sugeriu o envolvimento da molécula de água como agente de abstração de protões. Com base nos resultados cinéticos, foi proposto um mecanismo análogo ao da eliminação E-2.

A reatividade observada entre os álcoois amílico>n-butílico>n-propílico>etil>metílico está também de acordo com o mecanismo.

2-metil propan-1-ol:

O bioetanol e o biodiesel derivado de óleos vegetais são geralmente considerados biocombustíveis de primeira geração[57] . Reconhecendo as suas aparentes desvantagens, cientistas e engenheiros estão a desenvolver biocombustíveis de segunda geração mais sustentáveis e economicamente viáveis. Os novos combustíveis microbianos aqui resumidos têm um grande potencial para se tornarem substitutos viáveis ou, pelo menos, suplementos dos combustíveis líquidos para transportes derivados do petróleo. Os rendimentos e eficiências das quatro vias metabólicas que conduzem a estes combustíveis microbianos, na sua maioria concebidos e optimizados em *Escherichia coli* e *Saccharomyces cerevisiae*, utilizando ferramentas modernas de engenharia metabólica e biologia sintética, e a robustez dos biocatalisadores que convertem os intermediários metabólicos em, nalguns casos, combustíveis acabados e prontos para utilização em motores, determinarão se podem ser comercialmente bem sucedidos e contribuir para aliviar a nossa dependência dos combustíveis fósseis.

O interesse na produção doméstica de combustíveis bioderivados, desencadeado pelo elevado custo do petróleo bruto, o potencial de interrupções no abastecimento e os receios acerca das alterações climáticas, levou à consideração de fluidos para substituir ou prolongar os combustíveis convencionais derivados do petróleo[58] . Embora o etanol como oxigenante e extensor da gasolina tenha recebido muita atenção, este fluido tem inúmeros problemas, como o comportamento agressivo em relação aos componentes do motor e o teor energético relativamente baixo. Muitos outros fluidos têm sido considerados como oxigenantes para a gasolina, como os butanóis, éteres e outros álcoois. Para o gasóleo, os oxigenados incluem éteres de glicol, ésteres de glicol, carbonatos, acetatos e éteres. Alguns destes oxigenados e extensores podem ser produzidos a partir de biomassa e são, portanto, renováveis e, em alguns casos, podem diminuir o orçamento global de dióxido de carbono. Um novo fluido renovável que está a ser considerado como oxigenante da gasolina e do gasóleo é a γ- valerolactona. Uma caraterização de misturas selecionadas de γ-valerolactona na gasolina (misturas de 10, 20 e 30%, vol/vol) e no gasóleo (1 e 2,5%, vol/vol), realizada com a metrologia da curva de destilação avançada. Este método apresenta: (1) um canal de dados de composição explícita para cada fração de destilado (para análise qualitativa e quantitativa); (2) medições de temperatura da equação de estado; (3) temperatura, volume e pressão em pontos de estado termodinâmico verdadeiro que podem ser modelados com medições de baixa incerteza adequadas para o desenvolvimento da equação de estado; (4) consistência com um século de dados históricos; (5) uma avaliação do conteúdo energético de cada fração de destilado; (6) análise química de traços de cada fração de destilado; e (7) avaliação da corrosividade de cada fração de destilado. Discutimos o efeito da γ-valerolactona no equilíbrio vapor-líquido (volatilidade) das misturas.

A produção de combustíveis alternativos para os transportes a partir de fontes renováveis tem merecido uma atenção crescente devido a preocupações energéticas e ambientais[59] . Recentemente, registaram-se progressos no desenvolvimento de processos baseados em micróbios para a produção de biocombustíveis para além do etanol. Estes biocombustíveis possuem propriedades de combustível superiores às do etanol, tais como maior densidade energética, baixa higroscopicidade e baixa pressão de vapor. Estes combustíveis são também vantajosos porque podem ser transportados utilizando as infra-estruturas existentes. O processo de produção do isobutanol, em particular, já atingiu um nível quase industrial. Embora muitos destes processos ainda estejam a ser ampliados para a produção comercial, o seu potencial de aplicação prática é promissor.

O 2-metil-1-propanol (isobutanol) fermentado pode ser utilizado diretamente como biocombustível ou pode ser desidratado cataliticamente em 2-metilpropeno (isobutileno), que serve como molécula de plataforma para a síntese de outros combustíveis ou produtos químicos[60] . A reação de desidratação foi estudada sobre catalisadores de alumina para determinar o impacto das condições do processo e das impurezas do composto modelo da fermentação. Não foram observados efeitos significativos das impurezas em escalas de tempo curtas (8 h) e a desidratação foi demonstrada com uma conversão elevada e com elevada seletividade para o isobutileno.

O equilíbrio líquido-vapor a alta pressão para o sistema binário dióxido de carbono-2-metil-2-propanol foi medido[61] a 299,0, 323,2 e 343,2 K. Para o sistema ternário dióxido de carbono-2-metil-2-propanol, as composições de equilíbrio da água foram medidas a 323,2 K e a pressões de 60, 80, 100 e 120 bar. Uma região trifásica isotérmica a 323,2 K e equilíbrios de fase a 60 e 80 bar são também apresentados. Os dados experimentais foram correlacionados com a equação de estado de Soave Redlich Kwong com a regra de mistura de segunda ordem de Huron-Vidal modificada. O modelo foi capaz de fornecer boas previsões do comportamento de fase de todos os sistemas considerados neste estudo.

A Ralstonia eutropha H16 de tipo selvagem produz polihidroxibutirato (PHB) como material de armazenamento de carbono intracelular durante o stress de nutrientes na presença de excesso de carbono[62] . Neste estudo, o excesso de carbono foi redireccionado em estirpes modificadas do armazenamento de PHB para a produção de isobutanol e 3-metil-1-butanol (álcoois superiores de cadeia ramificada). Estes álcoois superiores de cadeia ramificada podem substituir diretamente os combustíveis de origem fóssil e ser utilizados na infraestrutura atual. Para a biossíntese do isobutanol e do 3-metil-1-butanol, foram utilizadas várias estirpes mutantes de *R. eutropha* com atividade de isobutiraldeído desidrogenase, em combinação com a sobreexpressão de genes nativos da via de biossíntese de aminoácidos de cadeia ramificada, transportados por plasmídeos, e a sobreexpressão do gene heterólogo da cetoisovalerato descarboxilase. A produção destes álcoois de cadeia ramificada foi iniciada durante a limitação de azoto ou fósforo na *R. eutropha* modificada. Uma estirpe mutante não só produziu mais de 180 mg/L de álcoois de cadeia ramificada em cultura em frasco, como também foi significativamente mais tolerante à toxicidade do isobutanol do que a *R. eutropha* de tipo selvagem. Após a eliminação de genes que codificam três potenciais sumidouros de carbono (*ilvE*, *bkdAB* e *aceE*), o título de produção melhorou para 270 mg/L de isobutanol e 40 mg/L de 3-metil-1-butanol. A cultura em frascos semi-contínuos foi utilizada para minimizar a toxicidade causada pelo isobutanol, fornecendo simultaneamente às células nutrientes suficientes. Sob este cultivo em frasco semicontínuo, o mutante de *R. eutropha* cresceu e produziu mais de 14 g/L de álcoois de cadeia ramificada durante 50 dias. Estes resultados demonstram que o fluxo de carbono da *R. eutropha* pode ser redireccionado do PHB para os álcoois de cadeia ramificada e que *a R. eutropha* modificada pode ser cultivada durante períodos de tempo prolongados para a biossíntese de produtos.

Devido aos mecanismos complexos envolvidos na resposta ao stress induzido pelo butanol, o fenótipo de tolerância ao butanol é difícil de conceber, mesmo em microrganismos com antecedentes genéticos bem definidos[63] . Por conseguinte, o nosso objetivo foi isolar microrganismos tolerantes ao butanol a partir de amostras ambientais como potenciais hospedeiros alternativos para a produção de butanol. As amostras de solo recolhidas foram submetidas a stress com butanol. Foi isolada uma estirpe microbiana capaz de tolerar 2,53 % (*p/v*) de butanol e identificada como *Enterococcus faecium* através da análise do rDNA 16S. O isolado cresceu rapidamente tanto em condições aeróbias como anaeróbias e foi capaz de produzir butanol anaerobicamente. Em comparação com o anaeróbio obrigatório *Clostridium acetobutylicum*, o crescimento em condições aeróbias e anaeróbias da estirpe isolada, juntamente com a não deteção de butirato e a ausência de fermentação em duas fases, sugere redes metabólicas diferentes do anaeróbio obrigatório *C. acetobutylicum*. Em condições anaeróbias, o butanol atingiu até 0,4 g l⁻ 1 numa cultura em descontínuo sem introdução heteróloga da via biossintética do butanol. Para além da tolerância ao butanol, a *E. faecium* IB1 isolada apresentou uma elevada tolerância ao etanol a 10 % (*p/v*) e ao isobutanol a 3 % (*p/v*). Com caraterísticas distintas, incluindo elevada tolerância ao butanol e produção natural de butanol, a *E. faecium* IB1 isolada com um mínimo de engenharia metabólica pode ser explorada como um potencial hospedeiro para a produção de butanol.

A análise de modo elementar (EM), baseada na modelação de redes metabólicas com base em restrições, foi aplicada para elucidar e comparar metabolismos fermentativos complexos de *Escherichia coli* para a produção anaeróbia obrigatória de n-butanol e isobutanol[64] . O resultado mostra que o metabolismo fermentativo do n-butanol era deficiente em NADH, enquanto o metabolismo fermentativo do isobutanol era redundante em NADH. *A E. coli podia crescer e produzir n-butanol anaerobicamente* como único produto de fermentação, mas não conseguia atingir o rendimento máximo teórico de *n-butanol*. Em contrapartida, para o metabolismo fermentativo do isobutanol, *a E. coli* tinha de se associar a uma via de produção de etanol ou de succinato para reciclar o NADH. Para ultrapassar estes metabolismos "defeituosos", a análise EM foi implementada para reprogramar o metabolismo fermentativo nativo da *E. coli* para uma produção anaeróbica optimizada de *n-butanol* e isobutanol através da eliminação de múltiplos genes (~8-9 genes), adição (~6-7 genes), expressão positiva e negativa (~6-7 genes) e engenharia de cofactores (por exemplo, NADH, NADPH). As estirpes concebidas foram forçadas a acoplar o crescimento e a produção anaeróbia de *n-butanol* e isobutanol, o que é uma caraterística útil para aumentar a produção de biocombustível e a tolerância através da evolução da via metabólica. Apesar de os metabolismos fermentativos *do n-butanol* e do isobutanol serem bastante diferentes, as estirpes concebidas puderam ser projectadas para terem uma distribuição idêntica dos fluxos metabólicos nas vias metabólicas "nucleares", que apoiam principalmente o crescimento e a manutenção das células. Finalmente, a previsão do modelo na elucidação e reprogramação do metabolismo fermentativo nativo de *E. coli* para a produção anaeróbia obrigatória de *n-butanol* e isobutanol foi validada com dados experimentais publicados.

O açúcar derivado da biomassa é normalmente uma mistura de glucose e outros açúcares[65] . Quando a Escherichia coli é alimentada com a mistura de açúcares, a glucose é utilizada preferencialmente enquanto os outros açúcares não são utilizados. Este fenómeno é conhecido como repressão do catabolito do carbono (CCR). Para utilizar eficazmente os açúcares mistos, isolámos um novo mutante de *E. coli* que é negativo para a CCR. Foi revelado que a estirpe mutante tem uma substituição de nucleótidos na região promotora de *mlc*, que codifica um repressor de transcrição global para o metabolismo dos hidratos de carbono. A mutação identificada, designada *mlc**, era do tipo promotor ascendente, e o promotor *mlc** apresentava uma atividade

17 vezes superior à do promotor *mlc* de tipo selvagem. Por conseguinte, a mutação *mlc** provoca uma sobre-expressão de mlcc e uma escassez de PtsG, que é uma permease específica da glucose que é reprimida por mlc. Sabe-se que a disrupção de *ptsG* (*ΔptsG*) induz um fenótipo CCR-negativo; a estirpe *mlc** também apresenta o mesmo fenótipo através do mesmo mecanismo. Como exemplo de aplicação da estirpe *mlc**, produzimos isobutanol a partir de açúcares mistos. Utilizando a mistura de açúcares glucose-xilose, a estirpe *mlc** produziu 1,4 vezes mais isobutanol do que a estirpe parental de tipo selvagem. Além disso, a estirpe *mlc** produziu quantidades de isobutanol semelhantes ou superiores às de outras estirpes CCR negativas, *ΔptsG* e *crp** (*crp*,* que codifica o mutante constitutivo ativo da proteína recetora de AMPc). Em conclusão, a estirpe *mlc** é uma nova estirpe CCR-negativa que é útil para a produção de compostos valiosos a partir de açúcares mistos.

O isobutanol é considerado um dos principais candidatos à substituição dos actuais combustíveis fósseis e espera-se que seja produzido biotecnologicamente[6] 6. Devido às suas valiosas caraterísticas, *o Bacillus subtilis* foi concebido como um produtor de isobutanol, mas precisa de ser optimizado para uma produção mais eficiente. Uma vez que a análise do modo elementar (EMA) é uma ferramenta poderosa para a análise sistemática das estruturas da rede metabólica e do metabolismo celular, pode ser de grande importância para o melhoramento racional da estirpe.

Singh et.al.[6] 7 estudaram a cinética da oxidação catalisada por cloreto de Ru(III) do 2-metil-1-propanol e do butano-2-ol por hexacinoferrato de potássio (III) aquoso alcalino a uma força iónica constante. Os resultados mostram que se verifica a formação de um complexo entre a espécie de ruténio (III) e a molécula de álcool, com a possível troca de um ião hidróxido. O complexo assim formado sofre uma desproporção, produzindo o ião corbónio derivado da molécula de álcool como intermediário e a espécie hidreto de ruténio (III). O ião corbónio passa rapidamente para um aldeído (ou cetona com álcool secundário) com um mol de ião hidróxido. O Ru(III) assim produzido é rapidamente oxidado a Ru(III) com o ião hexacinoferrato (III). Os produtos de oxidação são confirmados e é apresentado um caminho de reação provável.

Singh et.al.[6] 8 investigaram a oxidação catalisada de cloreto de ruténio (III) de butanona -2 e pentanona -3 por cério (IV) aquoso, tendo-se verificado que a reação é de primeira ordem em relação à concentração de cetona. A taxa é inversamente proporcional ao quadrado da concentração de ácido sulfúrico, mas a velocidade da reação mostra um comportamento de primeira ordem a concentrações mais baixas de ruténio (III), tendendo para ordem zero a concentrações mais elevadas. Estes dados sugerem que a oxidação destas cetonas se processa através da formação de um complexo ativado entre o ruténio (III) e as cetonas protonadas, que se decompõe rapidamente, seguido de uma reação rápida entre o hidreto de ruténio (III) e as espécies de cério (IV).

2-metil-butano -1-ol:

O 2-metil-butano-1-ol é um dos principais candidatos a óleo fúsel que pode ser obtido a partir de frutos[69] . Pode também ser obtido a partir do processo de oxo ou de halogenação do pentano e pode ser utilizado como solvente para o fabrico de outros produtos químicos[70] .

Os dados de equilíbrio isobárico vapor-líquido (VLE) para os sistemas 2-metil-butano-1-ol+3-metil-butano-1-ol+CuCl2, ZnCl2 e FeCl3 foram medidos, respetivamente, num alambique de recirculação Rose modificado a 101,3 kPa[70] . Os dados VLE dos sistemas binários foram correlacionados com os modelos e-NRTL e NRTL. Os sistemas ternários foram previstos com os modelos e-NRTL e NRTL. Os resultados mostraram que o VLE do sistema 2-metil-butan-1-ol + 3-metil-butan-1-ol na presença de três sais era obviamente diferente do sistema sem sal. Todos os sais mostraram um notável efeito de salting-out e seguiram a ordem de efeito de salting-out de ZnCl2 > FeCl3 > CuCl2. O efeito de salga aumenta significativamente a volatilidade relativa do 2-metil-butano-1-ol[71] .

Os dados de equilíbrio isobárico vapor-líquido para o sistema ternário 2-metil-1-butanol (1) + 3-metil-1-butanol (2) + etilenoglicol (3) foram medidos num alambique de recirculação Rose modificado a 101,3 kPa[72] . Os dados experimentais foram satisfatoriamente correlacionados com a equação de Wilson. Também foram comparados com as previsões do método de contribuição de grupo UNIFAC modificado de Weidlich, e os desvios também foram pequenos. Ambos os modelos satisfazem os requisitos de precisão exigidos no desenvolvimento, conceção e simulação de processos.

Este trabalho descreve[73] o "efeito salino" devido à adição de cloreto de cálcio na pressão de vapor do 2-metil-1-butanol. A pressão de trabalho foi variada de (23,3 a 96,6) kPa, e as temperaturas de ebulição foram obtidas. As concentrações de sal foram aumentadas de um valor muito baixo até uma concentração próxima da saturação. Foram aplicados dois tipos de equações para a correlação dos dados. A primeira equação foi derivada da equação de Antoine, e tem em conta a presença do sal dissolvido, e a segunda equação foi o modelo não aleatório de dois electrólitos líquidos. Ambos os modelos utilizados mostram uma boa concordância com os dados experimentais

Os dados experimentais de VLE para o sistema etanol (1) + 2-metil-1-butanol (2) + $CaCl_2$ (3) foram medidos a duas pressões diferentes (33,3 e 101,3 kPa) e três concentrações de sal e foram correlacionados utilizando o modelo eletrolítico NRTL[74] . A partir dos resultados obtidos, podemos concluir que o $CaCl_2$ não afecta significativamente a volatilidade relativa do sistema e que o modelo eletrolítico NRTL é adequado para ajustar os dados de equilíbrio para o sistema etanol (1) + 2-metil-1-butanol (2) + cloreto de cálcio (3) com precisão mais do que suficiente.

Ácidos ceto glutáricos:

Verificou-se que o ácido amino-oxiacético[75] é um inibidor potente da enzima transaminase do ácido γ-aminobutírico - α-ácido cetoglutárico derivada de *E. coli* e do cérebro de mamíferos (2). Foi demonstrado que a natureza desta inibição é estritamente competitiva. (3) Foi também demonstrado que o ácido amino-oxiacético inibe a transaminase no cérebro de várias espécies de animais, provocando elevações acentuadas nas concentrações cerebrais de ácido γ-aminobutírico. (4) Desenvolveu-se um método de ensaio para o ácido γ-aminobutírico utilizando a transaminase do ácido γ-aminobutírico-α-cetoglutárico e a desidrogenase do semialdeído succínico de ocorrência natural derivadas de *E. coli.*

A síntese de novos complexos de cobre com a tiossemicarbazona do ácido α-cetoglutárico foi observada no passado[76] . As estruturas cristalinas dos dois compostos: $[Cu(⅛ct)Cl]_n$ $[\{Cu(¾ct)_{Cl}2\}]$ (1) e $[Cu(Hct)]^n$.$_{3n¾O}$ (2) (H_3 ct = α-cetoglutárico ácido tiossemicarbazona) foram determinadas por métodos de raios X e espectroscópicos. Em I estão presentes dois átomos de cobre independentes. Cu(1), num polímero ligado ao azoto e ao oxigénio, é um dímero de seis coordenadas (4+2), Cu(2), cinco coordenadas (4+1), é um dímero ligado ao cloro. Em 2, o átomo de cobre apresenta uma coordenação penta, as cadeias poliméricas formam camadas e os grupos -CH_2 CH_2 COO ligam os átomos de cobre. Em 1 está presente um carboxilato de ligação monodentado e em 2 um carboxilato de ligação sin-anti-bidentado.

As propriedades biológicas de 1 e 2 e também do ligando livre (H_3 ct) foram testadas in vitro e comparadas em células de eritroleucemia de Friend (FLC) e em linhas celulares de leucemia humana K-562 e U-937. Nas células FLC, o ligando livre não inibe o crescimento celular, mas aumenta a síntese de ADN: o complexo 1 inibe a proliferação celular e aumenta a síntese de ADN; o complexo 2 inibe o crescimento celular, mas induz uma diminuição da síntese de ADN e aumenta a atividade da transcriptase reversa. Relativamente às linhas celulares humanas, ambos os complexos mostram uma inibição da proliferação através de um mecanismo de apoptose na linha celular U-937, enquanto não têm efeitos na linha K-562.

As enzimas catalisam as seguintes reacções: (1) uma nova redução dependente de NADH do grupo 1-carboxilo do α-cetoglutarato, produzindo ácido 4,5-dioxovalérico, seguido de uma transaminação deste produto com L-alanina para produzir δ-aminolevulinato. A desidrogenase não pode ser demonstrada em extractos brutos, uma vez que é mascarada pela desidrogenase glutâmica. Esta via, na qual o esqueleto de 5 carbonos do α-cetoglutarato é utilizado intacto para a formação do δ-aminolevulinato, difere radicalmente da reação clássica de síntese do δ-aminolevulinato entre a glicina e o succinil-CoA[77] .

Descreve-se a quantificação do ácido 2-cetoglutárico no plasma e no líquido cefalorraquidiano como seu derivado *O-trimetilsilil-quinoxalinol* por cromatografia gasosa de ionização química por espetrometria de massa com ácido benzoilfórmico como padrão interno[78] . Esta técnica, com amoníaco como gás reagente, detecta apenas os iões moleculares protonados. A recuperação do 2-cetoglutarato a partir de plasmas desproteinizados com percloreto é de 99,7±1,2%. O valor normal do 2-cetoglutarato em crianças é de 8,6±2,6 µmol I^{-1} (média ± desvio padrão) no plasma (n =25) e 4,8±1,4 µmol I^{-1} no líquido cefalorraquidiano (n 20). O nível plasmático de 2-cetoglutarte está correlacionado com a concentração de ureia (r = 0,96; p < 0,001) em indivíduos saudáveis e em doentes com insuficiência renal crónica. Valores aumentados são encontrados num caso de deficiência de piruvato carboxilase e, de forma inconstante, na diabetes, são descritas variações fisiológicas durante a prova e após uma carga oral de glucose.

O tratamento do ácido 2-cetoglutárico com diazometano deu origem ao éster metílico do ácido 2-(metoxicarbonil)-oxirano-propanoico (2), que conduz ao éster dimetílico do ácido 2-hidroxi-2-metil-glutárico (3) por hidrogenação catalítica, que foi posteriormente transformado no composto do título[79] .

A fixação fotocatalítica de CO_2 no ácido oxoglutárico para produzir ácido isocítrico foi investigada com a utilização de isocitrato desidrogenase como catalisador, metil viologeno como mediador de electrões e sulfureto de cádmio como fotocatalisador[80] . A taxa de produção de ácido isocítrico dependia da concentração de ácido oxoglutárico e metilviologénio, tendo sido derivada a equação da taxa para responder a estes resultados. A constante de Michaelis-Menten determinada por esta equação (K_{m1} e K_{m2}) foi de 23,9 mmol dm^{-3} para o substrato e 0,030 mmol dm^{-3} para o mediador, sugerindo que a transferência de electrões entre a isocitrato desidrogenase e o substrato é o passo determinante da taxa.

A descarboxilação não catalisada do ácido 3-oxoglutárico, $HO_2C \cdot CH_2 \cdot CO \cdot CH_2 \cdot CO_2H \rightarrow CH_3 \cdot CO \cdot CH_2 \cdot CO_2H + CO_2$ foi estudada a 42°. As constantes de velocidade para o ácido não ionizado, o monoanião e o diânion são 12×10^{-3} min^{-1} , 45×10^{-3} min^{-1} e $2\text{-}75 \times 10^{-3}$ min^{-1} respetivamente. Devido à maior reatividade do monoanião, o perfil da taxa de pH para a descarboxilação não catalisada é em forma de sino com um máximo de taxa a pH 3-5 (l= 0- 1M). A maior reatividade do monoanião parece dever-se à ligação de hidrogénio intramolecular entre o grupo carbonilo e o grupo carboxi não ionizado. As constantes de ionização práticas do ácido 3-oxoglutárico são $pK_1 = 3\cdot23$ e $pK_2 = 4\text{-}27$ a $0\cdot01$M. A descarboxilação do ácido 3-oxoglutárico, ao contrário da do ácido acetoacético, é catalisada por iões de metais de transição, de modo que, na presença de iões metálicos, há uma perda rápida de um equivalente molecular de dióxido de carbono, seguida de uma perda mais lenta de um segundo equivalente molecular na reação não catalisada. Os efeitos catalíticos do cobre (II), do níquel (II) e do manganês (II) foram estudados com algum pormenor. Verificou-se que o 2,2'-bipiridilo, que é capaz de estabelecer ligações π com os iões metálicos, aumenta a atividade catalítica do manganês (II) por um fator de 10, enquanto o efeito com o cobre (II) e o níquel (II) é menos acentuado (*cerca de* 2 vezes). Discute-se a possível importância destes efeitos na ação das descarboxilases activadas por metais, uma vez que o manganês(II) é o ião metálico biologicamente importante nas reacções enzimáticas[81] .

Uma série de derivados do ácido 3-oxoglutárico[82] foram hidrogenados em diferentes solventes na presença de [RuCl(benzeno)(S)-SunPhos]Cl (SunPhos=(2,2,2',2'-tetrametil-[4,4'-bibenzo[*d]* [1,3]dioxole]-5,5'-diil)bis(difenilfosfina)). Ao contrário dos derivados simples do ácido β-ceto, estes análogos avançados podem ser facilmente hidrogenados em solventes pouco comuns, como THF, CH2Cl2, acetona e dioxano, com elevadas enantioselectividades. Foram propostos dois ciclos catalíticos possíveis para explicar as diferentes reactividades destes substratos 1, 3, 5-tricarbonílicos nos solventes testados. Os substituintes C-2 e C-4 tiveram uma influência notável mas irregular na reatividade e enantioselectividade das reacções. Foram observados efeitos mais pronunciados do solvente: os valores *de ee* aumentaram de cerca de 20% em EtOH ou THF para 90% em acetona. A inversão da configuração do produto foi observada quando o solvente foi alterado de EtOH para THF ou acetona, e um sistema de solvente misto pode levar a uma melhor enantioselectividade do que um único solvente.

A redução quimiosselectiva[83] das *β-carbonilas* em derivados do ácido *β, δ-diketo* foi conseguida através da hidrogenação homogénea catalisada por RuCl2(PPh3)3. O tetrahidrofurano (THF) desempenhou um papel fundamental no controlo da quimiosselectividade. Este protocolo atomicamente económico forneceu β-hidroxi-δ-cetoésteres e amidas como intermediários úteis com rendimentos bons a excelentes.

CAPÍTULO III

MATERIAL E MÉTODOS:

A solução de bromamina-T foi preparada de acordo com os métodos seguintes. Dissolveu-se a cloramina-T recristalizada (10 g) em 200 ml de água e adicionou-se-lhe bromo líquido (2 ml), gota a gota, a partir da bureta, com agitação constante da solução. O precipitado amarelo-dourado de dibromamina-T assim obtido foi cuidadosamente lavado com água, filtrado sob bomba de sucção e seco em exsicadores de vácuo durante cerca de 24 horas. Verificou-se que a amostra seca fundia a 92-93 C, decompondo-se. Cerca de 35 g de dibromamina-T acima preparada foram dissolvidos em pequenas quantidades de cada vez e com agitação numa solução aquosa de cerca de 8 g de hidróxido de sódio em 50 ml de água e a solução foi arrefecida em gelo. O cristal amarelo-pálido de bromamina-T separou-se. Os cristais foram lavados novamente com uma quantidade mínima de água e secos sobre pentóxido de fósforo. Preparou-se uma solução-mãe de bromamina-T a 0,05 M dissolvendo 16 gramas da mesma num litro de água e mantendo-a num frasco de cor âmbar. A solução foi então padronizada iodometricamente para o seu bromo ativo. As soluções aquosas de ácidos 2, 3-cetoglutárico, 2-metil propan-1-ol e 2-metil butan-1-ol foram obtidas da empresa química E. Merck e foram preparadas dissolvendo quantidades ponderais de ácidos 2, 3- cetoglutárico, 2-metil propan-1-ol e 2-metil butan-1-ol em água bidestilada.

A pureza do substrato foi verificada pelos seus pontos de fusão. A solução-padrão de cloreto de ródio (III) foi preparada dissolvendo 1 grama de cloreto de ródio em HCl 0,05 N (cerca de 50 ml) e a solução foi então completada até 1000 ml. A solução-padrão de ácido perclórico (E. Merck) e de perclorato de sódio (E. Merck) foi preparada em água bidestilada. As soluções-padrão de ácido oxálico e de hidróxido de sódio foram preparadas com as respectivas amostras da Merck. Uma amostra pura de ^-tolueno sulfonamida foi dissolvida em água destilada. Uma solução aquosa de tiossulfato de sódio (BDH) foi padronizada com uma solução padrão de sulfato de cobre (E. Merck). Para a titulação, preparou-se uma solução a 4% de iodeto de potássio (E. Merck) e utilizou-se como indicador uma solução a 1% de amido (BDH).

Medição cinética:

A fim de investigar as reacções em estudo na presente análise, foi adotado o seguinte procedimento. A medição cinética foi efectuada a uma temperatura constante de 35° C (± 0,1° C). Num frasco de reação, colocou-se um volume adequado de todos os reagentes, isto é, [BAT], Rh (III), ^-TSA, KCl e $NaClO_4$. Adicionou-se à mistura reacional o volume necessário de água bidestilada, de modo a que o volume total da mistura reacional fosse de 100 ml após a adição dos ácidos 2, 3-cetoglutárico, 2-metil propan-1-ol e 2-metil butan-1-ol. O frasco que contém a mistura reacional foi colocado num termóstato elétrico para obter o equilíbrio térmico. As soluções dos ácidos 2, 3-cetoglutárico, 2-metil-propan-1-ol e 2-metil-butan-1-ol foram também colocadas em equilíbrio a 35° C e rapidamente vertidas na mistura reacional para iniciar a reação. O progresso da reação foi seguido pela estimativa iodométrica da quantidade de MTD não consumida em alíquotas (5 ml) retiradas da mistura reacional em intervalos regulares de tempo durante cerca de 75 % da reação. A velocidade de reação (- dc/dt) em cada ciclo cinético foi determinada pelo declive da tangente traçada a uma concentração fixa de bromamina-T, que se escreve como [BAT].* O volume conhecido de oxidante, ácido perclórico, foi colocado num frasco cónico, enquanto o substrato e a quantidade restante de água se encontravam noutro frasco cónico. Estes dois frascos com rolha foram colocados à temperatura experimental num termóstato de sensibilidade ± $0,1^0$ C. Após o equilíbrio da temperatura, misturaram-se as duas soluções e retirou-se imediatamente uma alíquota, que foi arrefecida. As alíquotas foram retiradas a intervalos regulares e a taxa foi monitorizada para detetar o MTD que não reagiu. Estas leituras são os valores de (a-x) no tempo "t". Os dados experimentais foram introduzidos na forma integrada da equação para reacções de primeira ordem. Os valores da constante de velocidade de pseudo-primeira ordem obtidos a partir da equação de velocidade-

$$ k = \frac{2.303}{t} \log \frac{a}{(a-x)} \quad \dots\dots\dots\dots 1 $$

Os valores da constante de velocidade (k) foram considerados razoavelmente constantes dentro do erro experimental, sugerindo que cada reação obedece a uma cinética de primeira ordem.

(i) Corrida cinética típica

Nos estudos de oxidação para cada um dos cetoácidos activos e compostos alcoólicos, foram realizadas algumas corridas cinéticas típicas para investigar o comportamento geral da reação em diferentes condições experimentais. Estas corridas incluíram o efeito da concentração de oxidante, substrato, ácido perclórico e a variação da composição do solvente e da temperatura. A ordem da reação em relação a cada reagente foi determinada pela reação entre a taxa inicial, isto é, (-dc/dt) e a [reagente] inicial.

(ii) Ordem de reação

A ordem de reação em relação ao oxidante e ao substrato foi determinada pelo método de isolamento de Ostwald. O estudo cinético foi efectuado com concentrações variáveis de oxidante, mantendo as outras condições constantes, para obter a ordem em relação ao oxidante. Para determinar a ordem em relação ao substrato, a concentração do substrato é variada, mantendo constante a concentração dos outros reagentes. A ordem no substrato foi dada pelo declive do gráfico traçado entre $\log k_1$ e $\log$ [substrato].

O efeito da concentração de ácido perclórico na oxidação de cetoácidos e álcoois foi determinado variando a concentração do ácido e mantendo constantes as concentrações das outras reacções. A ordem no ácido perclórico foi dada pelo declive do gráfico traçado entre $\log k_1$ versus $\log$ [$HClO_4$].

(B) Efeito da força iónica do meio

Foram utilizadas diferentes composições de misturas de solventes binários de $NaClO_4$ água para estudar o efeito da variação da constante dieléctrica do meio. Observou-se que a velocidade de reação em solução é influenciada pela polaridade do solvente, o que se deve à constante dieléctrica do meio de reação. A velocidade de algumas reacções é aumentada em solventes polares, enquanto a de outras é aumentada em solventes não polares.

(C) Efeito da temperatura

A velocidade da maioria das reacções químicas aumenta significativamente com o aumento da temperatura. Observou-se que, para uma alteração química homogénea em solução, a velocidade de reação quase duplica com um aumento de temperatura de 10^0 C. Uma explicação satisfatória do efeito da temperatura na velocidade de reação foi dada pela primeira vez pela equação de Arrhenius e expressa como

$$k = A\, e^{-Ea\,/\,RT}$$

onde,

k = constante de velocidade   à temperatura absoluta T,

   A=fator de frequência   ,

Ea   =energia de ativação, e

   R=constante do gás

As reacções entre cetoácidos e compostos de álcoois foram examinadas a diferentes temperaturas. Os dados obtidos foram utilizados para avaliar o coeficiente de temperatura e os parâmetros termodinâmicos, a saber, a energia de ativação (E_a), o fator de frequência (A), a entalpia de ativação ($\Delta H^\#$), a energia livre de ativação ($\Delta G^\#$) e a entropia de ativação ($\Delta S^\#$).

2. Energia de ativação

O efeito da temperatura na velocidade da reação pode ser dado pela equação de Arrhenius

$$k = Ae^{-Ea/RT} \qquad \text{-------- (2)}$$

em que k é a constante de velocidade à temperatura absoluta T, A é o fator de frequência, Ea é a energia de ativação e R é a constante dos gases.

Da equação (2) obtém-se

$$\log k = \log A - \frac{Ea}{2.303\ RT} \qquad \text{--------- (3)}$$

Por conseguinte, o gráfico do log k em função do inverso de T deve ser uma linha reta com um declive igual a

$$- \frac{E\ a}{2.3\ 0\ 3\ \ R}$$

A energia de ativação foi calculada graficamente a partir da equação

$$Ea = \frac{2.303\ RT_1 T_2}{(T_2 - T_1)}\ \log \frac{k_2}{k_1} \qquad \text{--------- (4)}$$

em que k1 e k2 são constantes à temperatura T_1 e T_2, respetivamente.

3.   Fator de frequência

Ao reorganizar a equação (3), o fator de frequência "A" pode ser calculado como

$$\log A = \log k + \frac{Ea}{2.303\ RT} \qquad \text{--------- (5)}$$

(D) Estequiometria e análise de produtos

A estequiometria de cada reação em estudo foi determinada em condições experimentais. Os produtos de oxidação das reacções foram identificados qualitativamente pelos métodos convencionais existentes.

CAPÍTULO IV

RESULTADOS E DISCUSSÃO:

IV. I. RESULTADOS - (OXIDAÇÃO DE CETOÁCIDOS E ÁLCOOIS)

(A.) OXIDAÇÃO DO ÁCIDO 2-CETOGLUTÁRICO

A oxidação não analisada do ácido 2-cetoglutárico pelo [MTD] num meio contendo p-TSA é muito lenta e segue uma ordem de primeira ordem para cada MTD, ácido 2-cetoglutárico e [H$^+$], nas actuais condições experimentais. No entanto, a taxa de reação é mais rápida (10-12 vezes) na presença de uma menor quantidade de Rh(III). As constantes de velocidade para a reação catalisada são dadas a seguir

k catalisado = k global -k não catalisado

A cinética da oxidação foi realizada com várias concentrações de reagentes a 308 K. A taxa de reação aumenta de forma diretamente proporcional com o aumento da Bromamina-T inicial, como se mostra na Tabela-4.1 e na Figura-4.1.

O efeito do ácido 2-cetoglutárico na taxa de reação foi estudado na gama de concentrações 0,5 - 5,00 mol dm^{-3} a uma concentração constante de oxidante, ácido e catalisador (Tabela-4.2). O gráfico de k1 contra [substrato]$^{\frac{1}{2}}$ foi linear com interceção e declive variáveis, confirmando que a ordem em [substrato] é inferior à unidade. Sob as mesmas condições experimentais, a taxa de reação não catalisada, apesar de muito lenta, exibiu primeira ordem em relação ao ácido 2-cetoglutárico [Figura-4.2].

O efeito de [H$^+$] na velocidade da reação foi estudado para estabelecer as espécies activas dos reagentes presentes na solução. Com a mesma concentração de substrato, [BAT], catalisador e outras condições permanecendo constantes, a velocidade de reação aumenta linearmente (Tabela-4.3) com o aumento de [HClO4] e a ordem em relação ao ácido foi considerada como sendo unitária [Figura-4.3].

O efeito da concentração do catalisador na velocidade da reação foi estudado entre as concentrações de 0,66 × 10^{-6} e 3,96 × 10^{-6} mol dm^{-3} (Tabela 4.4). Verificou-se que a ordem do catalisador era de 0,50 ± 0,01, conforme determinado pelo declive dos gráficos de log k1 contra log [catalisador], e o declive de k1 contra [catalisador] 0,5 foi considerado uma relação linear que mostra a primeira ordem [Figura-4.4].

A tabela-4.5 mostra claramente que, ao aumentar a concentração de cloreto de potássio, o valor da constante de velocidade de primeira ordem diminui no caso da oxidação do ácido 2-cetoglutárico. A observação anterior também é clara a partir da curva obtida ao traçar o valor de k1 em função de [KCl], que mostra uma diminuição da concentração de cloreto de potássio [Figura-4.5].

Table 4.1

Efeito da variação da BAT na constante de velocidade a 35 C

Non variable constituents	Variable constituent	$k_1 \times 10^4 \, s^{-1}$
	$[BAT] \times 10^3$ M	
2-ketoglutaric acid = 5.00×10^{-2} M	0.80	3.64
Rh(III) = 2.64×10^{-6} M	1.00	3.64
$HClO_4$ = 1.25×10^{-2} M	1.32	3.65
KCl = 5.00×10^{-2} M	2.00	3.66
	2.80	3.68
	4.00	3.69

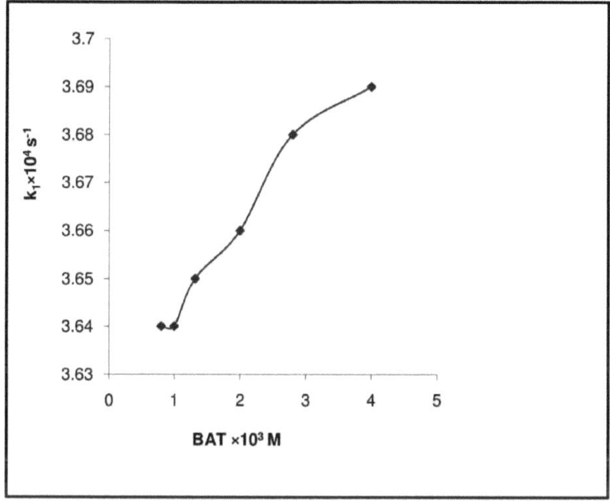

Figura 4.1 Gráfico entre k1 e [BAT*] a 35 °c para a oxidação do ácido 2-cetoglutárico

Estado:

2-ketoglutaric acid	= 5.00×10^{-2} M
Rh(III)	= 2.64×10^{-6} M
$HClO_4$	= 1.25×10^{-2} M
KCl	= 5.00×10^{-2} M

Table 4.2

Efeito da variação do ácido 2-cetoglutárico na constante de velocidade a 35 C

Non variable constituents	Variable constituent	$k_1 \times 10^4\,\text{s}^{-1}$
	2-ketoglutaricacid $\times 10^2$ M	
[BAT] $= 1.00 \times 10^{-3}$ M	0.50	0.38
Rh(III) $= 2.64 \times 10^{-6}$ M	1.00	0.72
HClO$_4$ $= 1.25 \times 10^{-2}$ M	1.50	1.23
KCl $= 5.00 \times 10^{-2}$ M	2.0	1.56
	3.30	2.71
	5.00	3.64

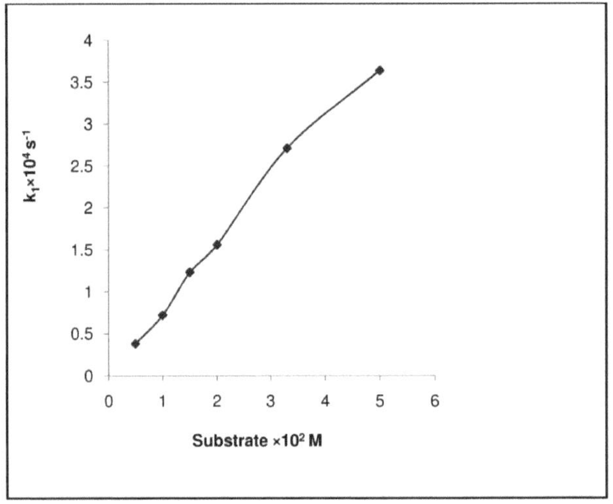

Figura 4.2 Gráfico entre k₁ e [Substrato] a 35 °C

Estado:

$$[\text{BAT}] = 1.00 \times 10^{-3}\,\text{M}$$
$$\text{Rh(III)} = 2.64 \times 10^{-6}\,\text{M}$$
$$\text{HClO}_4 = 1.25 \times 10^{-2}\,\text{M}$$
$$\text{KCl} = 5.00 \times 10^{-2}\,\text{M}$$

Table 4.3

Efeito da variação de H⁺ na constante de velocidade a 35 C

Non variable constituents	Variable constituent	$k_1 \times 10^4 \, s^{-1}$
	$HClO_4 = \times 10^2 \, M$	
[BAT] = 1.00×10^{-3} M	1.00	2.86
Rh(III) = 2.64×10^{-6} M	1.25	4.11
2-ketoglutaricacid = 5.00×10^{-2} M	1.60	4.97
KCl = 5.00×10^{-2} M	2.0	5.64
	3.00	8.52
	4.50	12.43

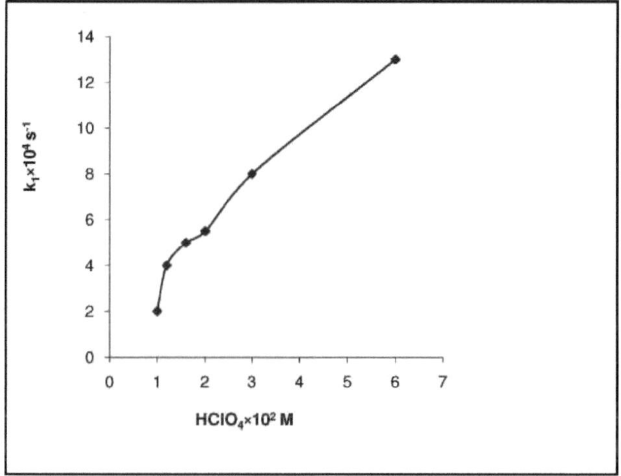

Figura 4.3

Gráfico entre k₁ e [HClO₄] a 35 °C para a oxidação do ácido 2-cetoglutárico

Estado:

[BAT]	= 1.00×10^{-3} M
Rh(III)	= 2.64×10^{-6} M
2-ketoglutaric acid	= 5.00×10^{-2} M
KCl	= 5.00×10^{-2} M

Efeito da variação de Rh (III) na constante de velocidade a 35 C

Non variable constituents	Variable constituent	$k_1 \times 10^4\,s^{-1}$
	$Rh(III) = \times 10^6$ M	
[BAT] = 1.00×10^{-3} M	0.66	0.83
$HClO_4$ = 1.25×10^{-2} M	1.325	1.63
2-ketoglutaricacid= 5.00×10^{-2} M	1.98	2.75
KCl = 5.00×10^{-2} M	2.64	3.45
	3.30	5.31
	3.96	6.23

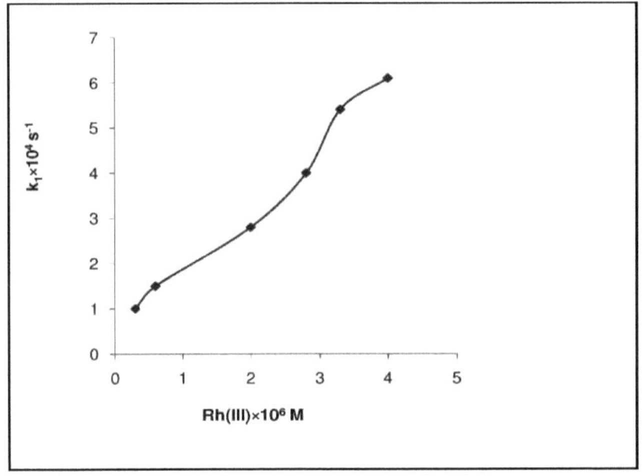

Figura 4.4

Gráfico entre k₁ e Rh(III) a 35 °C para a oxidação do ácido 2-cetoglutárico Condição:

[BAT]	= 1.00×10^{-3} M
$HClO_4$	= 1.25×10^{-2} M
2-ketoglutaric acid	= 5.00×10^{-2} M
KCl	= 5.00×10^{-2} M

Table 4.5

Efeito da variação de [Cl⁻] na constante de velocidade a 35 C

Non variable constituents	Variable constituent	$k_1 \times 10^4\,s^{-1}$
	$KCl = \times\,10^{-2}\,M$	
$[BAT] = 1.00 \times 10^{-3}\,M$	1.00	11.23
$HClO_4 = 1.25 \times 10^{-2}\,M$	2.00	7.64
2-ketoglutaricacid $= 5.00 \times 10^{-2}\,M$	3.00	4.37
$Rh(III) = 2.64 \times 10^{-2}\,M$	5.00	3.25
	7.50	2.11
	10.00	1.42

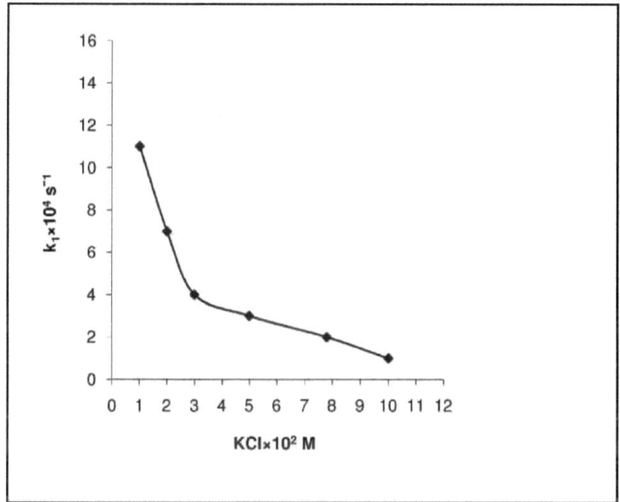

Figura 4.5

Gráfico entre k₁ e [KCl] a 35 °C para a oxidação do ácido 2-cetoglutárico Condição:

[BAT]	$= 1.00 \times 10^{-3}\,M$
$HClO_4$	$= 1.25 \times 10^{-2}\,M$
2-ketoglutaricacid	$= 5.00 \times 10^{-2}\,M$
Rh(III)	$= 2.64 \times 10^{-2}\,M$

Table 4.6

Efeito da variação da força iónica na constante de velocidade a 35 °C

Non variable constituents	Variable constituent	Ionic strength	$k_1 \times 10^4 \, s^{-1}$
	$NaClO_4 = \times 10^2 \, M$	$\mu \times 10^2 \, M$	
$[BAT] = 1.00 \times 10^{-3} \, M$	0.00	6.25	3.46
$HClO_4 = 1.25 \times 10^{-2} \, M$	0.75	7.00	3.51
2-ketoglutaricacid $=5.00 \times 10^{-3} \, M$	1.75	8.00	3.43
$Rh(III) = 2.64 \times 10^{-3} \, M$	3.75	10.00	3.41
	6.25	12.50	3.67
	12.50	18.75	3.72
	18.75	25.0	3.74

Table 4.7

Efeito da variação da p-toluenossulfonamida na constante de velocidade a 35 °C

$[\text{þ-TSA} \times 10^3 M]$	$k_1 \times 10^4 \, s^{-1}$
0.00	3.69
0.50	3.69
1.00	3.70
1.50	3.72
2.00	3.65
3.00	3.62
4.00	3.74

Quadro 4.8

Efeito da variação da temperatura na constante de velocidade a 35 °C

Temperature °C	$k_1 \times 10^4\,s^{-1}$
30	2.34
35	3.85
40	6.38
45	7.46

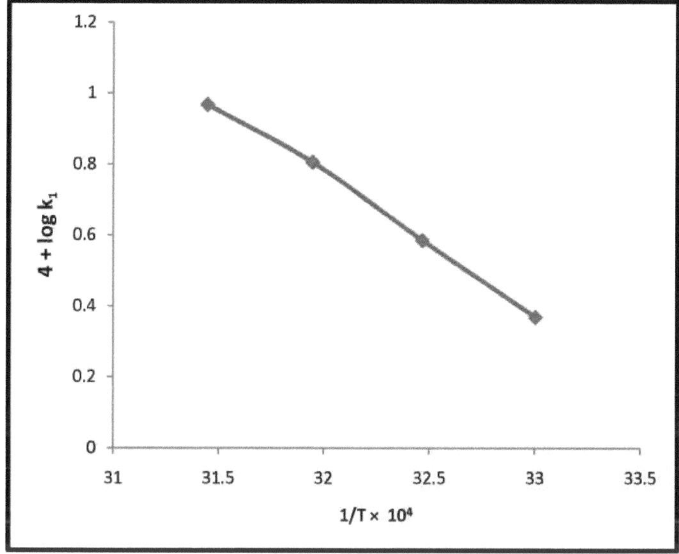

Figura 4.6

Gráfico entre log k₁ e (1/T) a 35 °C para a oxidação do ácido 2-cetoglutárico

O efeito da força iónica do meio na velocidade de reação foi estudado utilizando NaClO4 com outras condições experimentais mantidas constantes. Não se observou qualquer alteração significativa da força iónica na velocidade de reação (Tabela-4.6), pelo que a força iónica do meio não foi fixada a um valor constante. Foram também efectuadas experiências em branco para monitorizar a oxidação do ácido acético por

[BAT]. Verificou-se que o ácido acético não era oxidado pela [MTD] sob o mesmo conjunto de condições.

Neste estudo, foram feitas tentativas para monitorizar o efeito da variação da p-toluenossulfonamida na velocidade da reação e os resultados estão resumidos na tabela 4.7.

No presente estudo, foi observada a dependência das reacções em relação à variação da temperatura. As diferentes experiências foram realizadas a 30°C -45°C para a reação [Tabela 4.8 e figura 4.6]. O valor da energia de ativação é calculado a partir da figura 4.6. O valor de ΔE é de 15,64 para o ácido 2-cetoglutárico.

(B.) OXIDAÇÃO DO ÁCIDO 3-CETOGLUTÁRICO

No presente estudo de investigação, foi efectuado um conjunto de experiências com diferentes concentrações de [MTD], mas a uma concentração fixa dos reagentes acima referidos, como se mostra na Tabela-4.9. Verificou-se que as reacções seguem uma cinética de primeira ordem em [BAT] [Figura-4.7]. A Tabela-4.9 e a Figura 4.7 mostram claramente que o valor de k1 permanece constante, o que confirma claramente a dependência de primeira ordem da [MTD].

É evidente na Tabela-4.10 que o valor de k1 é quase constante com a concentração variável de material redutor, mostrando a primeira ordem em relação ao ácido 3-cetoglutárico a uma concentração fixa de outros reactantes [figura-4.8].

Foi observado um efeito significativo da variação [H^+], como se mostra na Tabela 4.11. O ácido perclórico foi utilizado como fonte de iões de hidrogénio. Foram efectuadas várias experiências com [$HClO_4$] variável e com uma concentração fixa de todos os outros reagentes. É evidente na Tabela-4.11 que existe uma relação linear entre o valor de k1 e a concentração de $HClO_4$, mostrando primeira ordem em relação ao ácido perclórico [figura-4.9].

No entanto, foi observado o efeito da variação da concentração de Rh(III) na velocidade da reação. A Tabela-4.12 dá uma imagem clara de que existe uma relação linear entre o valor de k1 e a concentração de Rh(III) na oxidação do substrato, provando a dependência de primeira ordem da reação em relação ao Rh(III) [figura-4.10].

Para medir a dependência da reação em relação à concentração de iões Cl na oxidação [BAT] do ácido 3-cetoglutárico, foram utilizadas concentrações variáveis de cloreto de potássio com concentrações fixas de todos os outros reagentes [Tabela-4.13]. Os dados mostram claramente que existe um efeito negativo da variação de Cl⁻ [figura-4.11].

Além disso, a variação da força iónica do meio mostra um efeito insignificante na taxa de reação, como se mostra na Tabela-4.14.

Neste estudo, foi feita uma tentativa de monitorizar o efeito da variação da adição de ^-toluenossulfonamida na velocidade da reação e os resultados estão resumidos na tabela-4.15. Os resultados mostram que a adição de ^-toluenossulfonamida não provoca qualquer alteração na velocidade da reação de oxidação do ácido 3-cetoglutárico por bromamina-T acidificada na presença de Rh(III).

No presente estudo, foi observada a dependência das reacções em relação à variação da temperatura. As diferentes experiências foram realizadas a 30 C-45 C para a reação [Tabela-4.16 e figura-4.12]. O valor da energia de ativação é calculado a partir da figura-4.12. O valor de ΔE é de 16,23 para o ácido 3-cetoglutárico.

Table 4.9

Efeito da variação de [BAT] na constante de velocidade a 35 C

Non variable constituents	Variable constituent	$k_1 \times 10^4 \, s^{-1}$
	$[BAT] \times 10^3$ M	
3-ketoglutaric acid $= 5.00 \times 10^{-2}$ M	0.80	3.04
Rh(III) $= 4.00 \times 10^{-6}$ M	1.60	3.09
HClO$_4$ $= 1.00 \times 10^{-2}$ M	2.00	3.11
KCl $= 5.00 \times 10^{-2}$ M	2.60	3.13
	3.20	3.14
	4.00	3.16

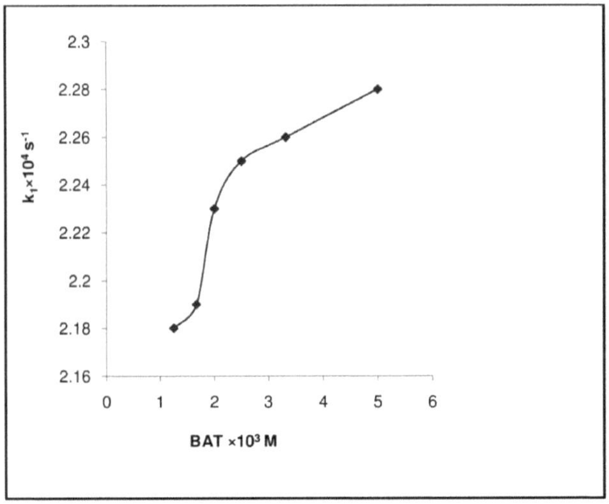

Figura 4.7

Gráfico entre k1 e [BAT*] a 35 °C para a oxidação do ácido 3-cetoglutárico

Estado:

3-ketoglutaric acid	$= 5.00 \times 10^{-2}$ M
Rh(III)	$= 4.00 \times 10^{-6}$ M
HClO$_4$	$= 1.00 \times 10^{-2}$ M
KCl	$= 5.00 \times 10^{-2}$ M

Table 4.10

Efeito da variação do ácido 3-cetoglutárico na constante de velocidade 35 C

Non variable constituents	Variable constituents	$k_1 \times 10^4 \, s^{-1}$
	3-ketoglutaric acid $\times 10^2$ M	
[BAT] = 2.00×10^{-3} M	1.25	0.67
Rh(III) = 4.00×10^{-6} M	2.50	1.42
HClO$_4$ = 1.00×10^{-2} M	3.75	2.14
KCl = 5.00×10^{-2} M	6.25	2.83
	7.50	3.56
	8.74	4.16

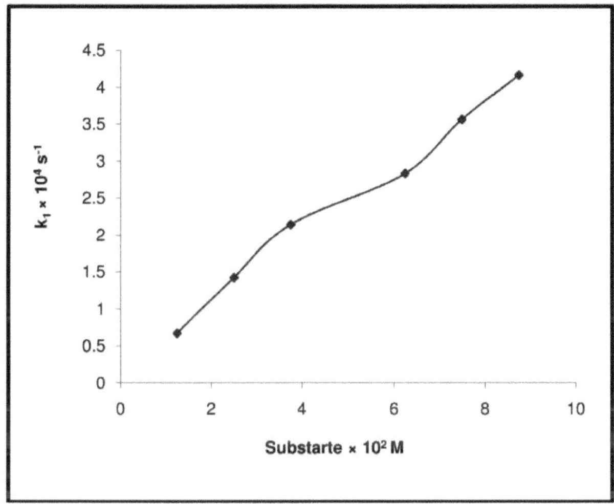

Figura 4.8

Gráfico entre k1 e [Substrato] a 35 °C

Estado:

[BAT]	= 2.00×10^{-3} M
Rh(III)	= 4.00×10^{-6} M
HClO$_4$	= 1.00×10^{-2} M
KCl	= 5.00×10^{-2} M

Quadro 4.11

Efeito da variação de H$^+$ na constante de velocidade a 35 C

Non variable constituents	Variable constituents	$k_1 \times 10^4\, s^{-1}$
	$HClO_4 = \times 10^2\, M$	
3-ketoglutaricacid = $5.00 \times 10^{-2}\, M$	0.50	1.36
Rh(III) = $4.00 \times 10^{-6}\, M$	1.00	3.02
[BAT] = $2.00 \times 10^{-3}\, M$	1.50	4.32
KCl = $5.00 \times 10^{-2}\, M$	2.00	5.98
	2.50	7.46
	3.00	9.02

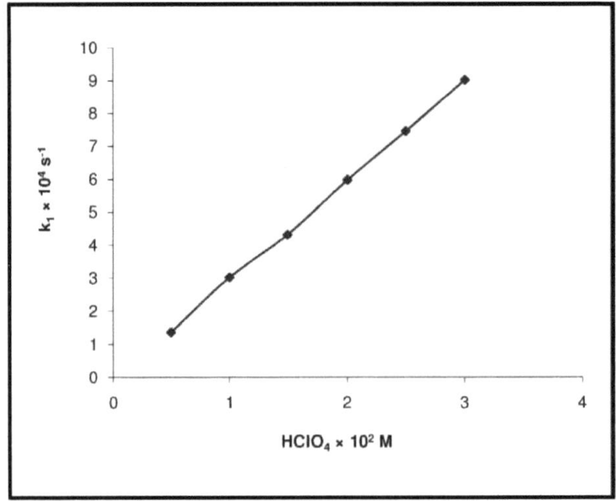

Figura 4.9

Gráfico entre k$_1$ e [HClO$_4$] a 35 °C para a oxidação do ácido 3-cetoglutárico Condição:

[BAT]	$= 2.00 \times 10^{-3}\, M$
Rh(III)	$= 4.00 \times 10^{-6}\, M$
3-ketoglutaric acid	$= 5.00 \times 10^{-2}\, M$
KCl	$= 5.00 \times 10^{-2}\, M$

Table 4.12

Efeito da variação de Rh(III) na constante de velocidade a 35 C

Non variable constituents	Variable constituents	$k_1 \times 10^{\square}\ s^{-1}$
	$Rh(III) = \times 10^6\ M$	
3-ketoglutaric acid = $5.00 \times 10^{-3}\ M$	1	0.68
[BAT] = $2.00 \times 10^{-3}\ M$	2	1.54
$HClO_4 = 1.00 \times 10^{-2}\ M$	3	2.12
KCl = $5.00 \times 10^{-2}\ M$	4	3.02
	5	4.06
	6	4.82

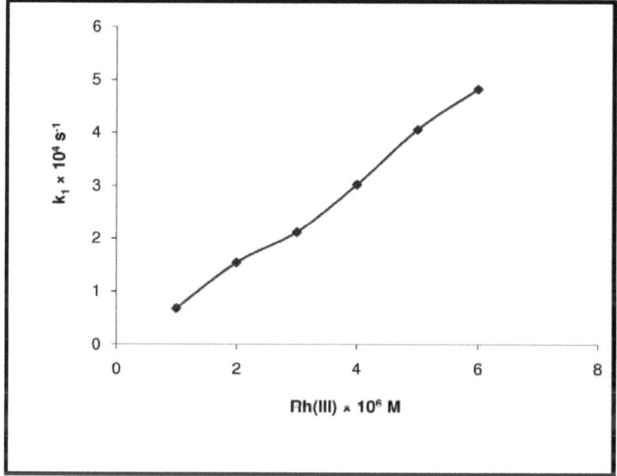

Figura 4.10

Gráfico entre k₁ e Rh(III) a 35 °C para a oxidação do ácido 3-cetoglutárico Condição:

[BAT]	$= 2.00 \times 10^{-3}\ M$
$HClO_4$	$= 1.00 \times 10^{-2}\ M$
3-ketoglutaric acid	$= 5.00 \times 10^{-2}\ M$
KCl	$= 5.00 \times 10^{-2}\ M$

Table 4.13

Efeito da variação de [Cl⁻] na constante de velocidade a 35 C

Non variable constituents	Variable constituents	$k_1 \times 10^4\,s^{-1}$
	$KCl = \times 10^2\,M$	
3-ketoglutaric acid = $5.00 \times 10^{-2}\,M$	1	12.31
Rh(III) = $4.00 \times 10^{-6}\,M$	2	8.60
$HClO_4 = 1.00 \times 10^{-2}\,M$	3	4.82
[BAT] = $2.00 \times 10^{-3}\,M$	5	3.02
	7	2.54
	10	1.67

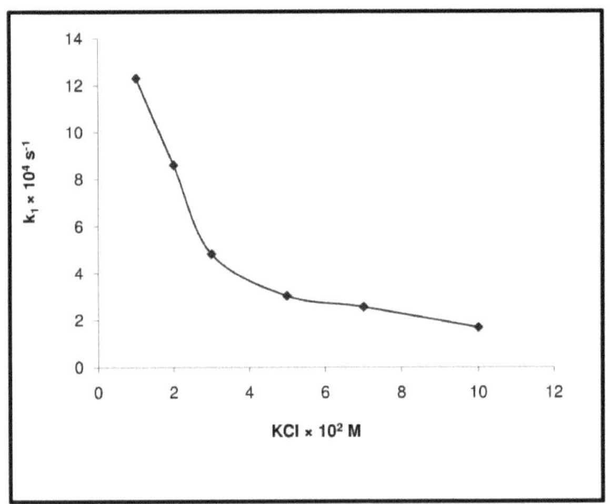

Figura 4.11

Gráfico entre k₁ e [KCl] a 35 °C para a oxidação do ácido 3-cetoglutárico

[BAT]	$= 2.00 \times 10^{-3}\,M$
$HClO_4$	$= 1.00 \times 10^{-2}\,M$
3-ketoglutaric acid	$= 5.00 \times 10^{-2}\,M$
Rh(III)	$= 4.00 \times 10^{-6}\,M$

Table 4.14

Efeito da variação da força iónica na constante de velocidade a 35 C

Non variable constituents	Variable constituents	Ionic strength	$k_1 \times 10^4\,s^{-1}$
	$NaClO_4 = \times 10^2\,M$		
3-ketoglutaric acid = 5.00 $\times 10^{-2}\,M$	0.00	6.00	3.04
Rh(III) = 4.00 $\times 10^{-6}\,M$	3.00	9.00	3.16
$HClO_4$ = 1.00 $\times 10^{-2}\,M$	6.00	12.00	3.05
KCl = 5.00 $\times 10^{-2}\,M$	9.00	15.00	3.03
	12.00	18.00	3.06
	15.00	21.00	3.10
	18.00	24.00	3.08

Table 4.15

Efeito da variação da p-toluenossulfonamida na constante de velocidade a 35 °C

[p-TSA $\times 10^3\,M$]	$k_1 \times 10^4\,s^{-1}$
0.00	3.06
0.50	3.06
1.00	3.08
1.50	3.10
2.00	3.04
3.50	3.06
3.00	3.08

Efeito da variação da temperatura na constante de velocidade a 35 C

Temperature $^{\circ}$C	$k_1 \times 10^4\,s^{-1}$
30	1.83
35	3.24
40	4.53
45	7.65

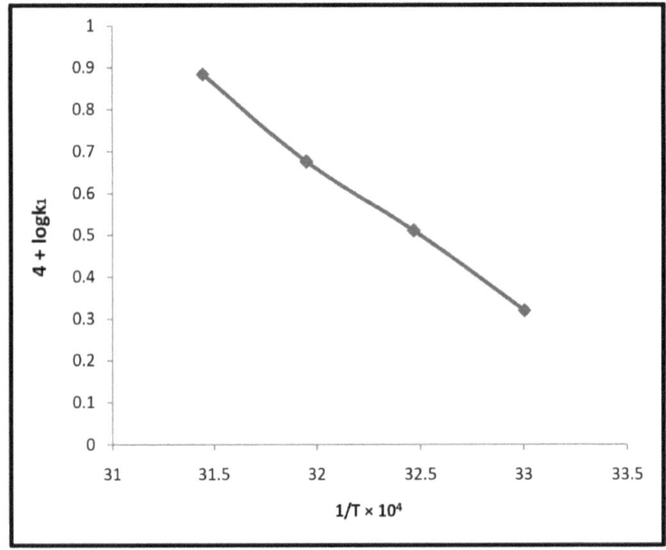

Figura 4.12

Gráfico entre log k₁ e (1/T) a 35 °C para a oxidação do ácido 3-cetoglutárico

(C) OXIDAÇÃO DO 2-METIL-PROPANO-1-OL

A investigação mecanística e cinética da oxidação catalisada por Rh(III) do 2-metil propan-1-ol por [BAT] em meio de ácido perclórico foi efectuada a várias concentrações de reagentes a 35 C. As reacções foram estudadas com diferentes [BAT] iniciais e todos os reagentes são constantes sob o mesmo conjunto de condições experimentais. Os valores da constante de velocidade de primeira ordem (k_1) foram obtidos como se mostra na Tabela 4.17. É evidente, a partir da tabela 4.17, que a taxa de reação aumenta com o aumento da concentração de [MTD], o que pode provar que a ordem de reação em relação a [MTD] é unitária [fig. 4.13].

Quadro 4.17

Efeito da variação de [BAT] na constante de velocidade a 35 C

Non variable constituents	Variable constituent	$k_1 \times 10^4 \, s^{-1}$
	$[BAT] \times 10^3$ M	
2- methyl propan -1-ol = 1.00×10^{-2} M	1.25	2.18
Rh(III) = 2.00×10^{-6} M	1.67	2.19
$HClO_4$ = 2.00×10^{-2} M	2.00	2.23
KCl = 5.00×10^{-2} M	2.50	2.25
	3.32	2.26
	5.00	2.28

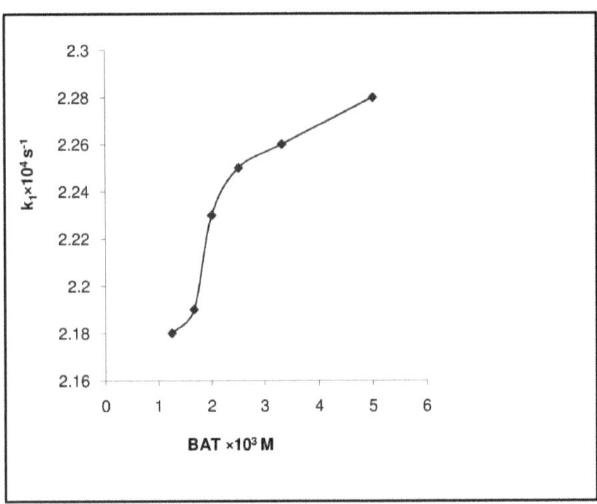

Figura 4.13

Gráfico entre k₁ e [BAT*] a 35 ºC para a oxidação do 2-metil propan-1-ol

Estado:

2- methyl propan -1-ol	$= 1.00 \times 10^{-2}\,M$
Rh(III)	$= 2.00 \times 10^{-6}\,M$
HClO$_4$	$= 2.00 \times 10^{-2}\,M$
KCl	$= 5.00 \times 10^{-2}\,M$

Da figura-4.14 é evidente que uma linha reta que passa pela origem é obtida a partir do gráfico de k1 vs 2-metil propan-1-ol (Tabela-4.18), o que indica claramente que a reação prossegue na presença do catalisador Rh(III). Verificou-se que a reação depende do 2-metil propan-1-ol, o que indica uma cinética de primeira ordem em relação ao 2-metil propan-1-ol.

Do mesmo modo, os dados obtidos relativos à concentração de iões H$^+$ na oxidação do 2-metil propan-1-ol foram variados mantendo a concentração de todos os reagentes constante a 35 C (Tabela-4.19). A figura-4.15 mostra claramente que foi encontrada uma constante de velocidade de primeira ordem que é diretamente proporcional a [H$^+$], mostrando uma cinética de velocidade de primeira ordem em relação a H$^+$.

No entanto, foi observado o efeito da variação da concentração de Rh(III) na velocidade da reação. A Tabela-4.20 dá uma imagem clara de que existe uma relação linear entre o valor de k1 e a concentração de Rh (III) na oxidação do substrato, provando a dependência de primeira ordem da reação em relação ao Rh (III) [figura-4.16].

Além disso, o efeito do ião cloreto foi medido aplicando o mesmo conjunto de condições a 35° C. A Tabela-4.21 indica que o ião cloreto tem um efeito negativo na taxa de oxidação. Também é útil para decidir a natureza das espécies reactivas do complexo de cloro de Rh(III) (figura-4.17).

É evidente na Tabela-4.22 que a força iónica do meio apresenta um efeito insignificante na velocidade de reação.

Neste estudo, foi feita uma tentativa de monitorizar o efeito da variação da adição de ^-toluenossulfonamida na velocidade de reação. Foram calculadas várias experiências com diferentes quantidades de ^-toluenossulfonamida, mas com uma concentração fixa de outro reactante, e os resultados estão resumidos na tabela-4.23. Os resultados acima referidos estão de acordo com os nossos resultados anteriores, obtidos no caso dos ácidos 2 e 3-cetoglutárico.

Table 4.18

Efeito da variação do 2-metil propan-1-ol na constante de velocidade 35 C

Non variable constituents	Variable constituent	$k_1 \times 10^4 \, s^{-1}$
	2- methyl propan -1-ol $\times 10^3$ M	
[BAT] = 2.50×10^{-3} M	0.50	1.10
Rh(III) = 2.00×10^{-6} M	0.65	1.40
HClO$_4$ = 2.00×10^{-2} M	0.85	1.83
KCl = 5.00×10^{-2} M	1.00	2.28
	1.25	2.75
	2.50	4.62

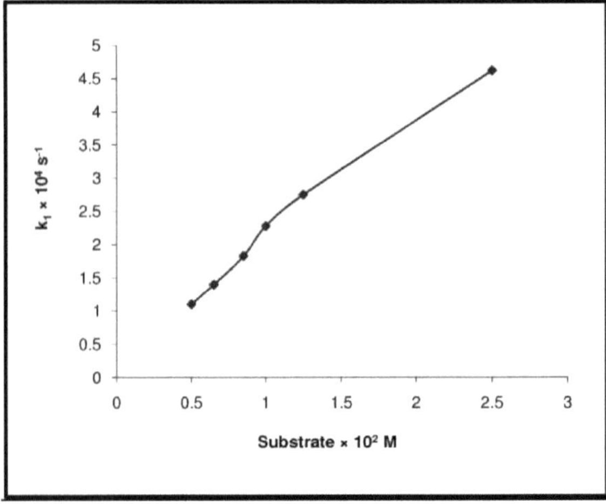

Figura 4.14

Gráfico entre k_1 **e [Substrato] a 35 °C**

Estado:

[BAT]   = 2.50×10^{-3} M
Rh(III)   = 2.00×10^{-6} M
HClO$_4$ = 2.00×10^{-2} M
KCl   = 5.00×10^{-2} M

Table 4.19

Efeito da variação de [H$^+$] na constante de velocidade a 35 C

Non variable constituents	Variable constituent	$k_1 \times 10^4\,s^{-1}$
	$HClO_4 = \times 10^2\,M$	
2- methyl propan -1-ol = 1.00×10^{-2} M	0.75	0.68
Rh(III) = 2.00×10^{-6} M	0.95	0.88
[BAT] = 2.50×10^{-3} M	1.10	0.93
KCl = 5.00×10^{-2} M	1.35	1.36
	2.15	2.68
	4.00	4.55

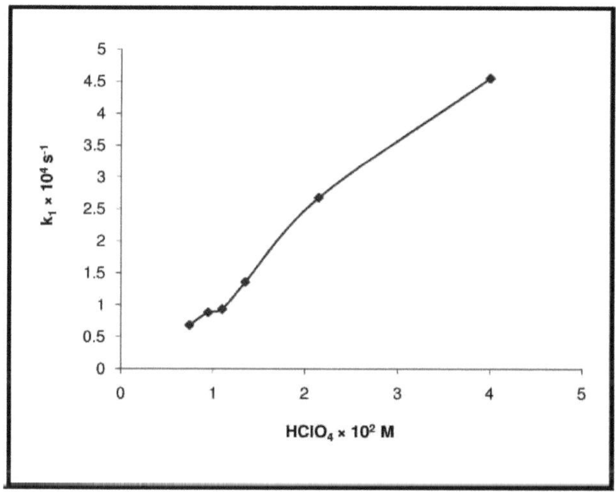

Figura 4.15

Gráfico entre k$_1$ e [HClO$_4$] a 35 °C para a oxidação do 2-metil propan-1-ol

Estado:

[BAT]	$= 2.50 \times 10^{-3}$ M
Rh(III)	$= 2.00 \times 10^{-6}$ M
2- methyl propan -1-ol	$= 1.00 \times 10^{-2}$ M
KCl	$= 5.00 \times 10^{-2}$ M

Table 4.20

Efeito da variação de Rh(III) na constante de velocidade a 35 C

Non variable constituents	Variable constituent	$k_1 \times 10^4\,s^{-1}$
	$Rh(III) = \times\ 10^6\,M$	
2- methyl propan -1-ol = 1.00×10^{-2} M	1	1.27
[BAT] = 2.50×10^{-3} M	2	2.36
$HClO_4 = 2.00 \times 10^{-2}$ M	3	3.48
KCl = 5.00×10^{-2} M	3.5	3.64
	4	4.52
	5	5.44

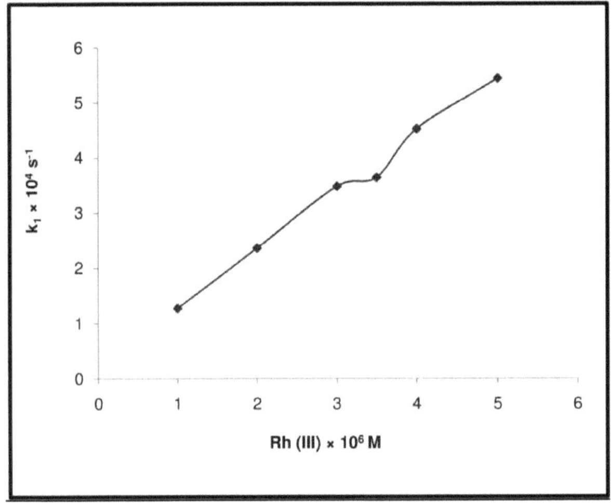

Figura 4.16

Gráfico entre k₁ e Rh(III) a 35 °C para a oxidação do 2-metil propan-1-ol

Estado:

[BAT]	= 2.50×10^{-3} M
2- methyl propan 1-ol	= 2.00×10^{-6} M
$HClO_4$	= 2.00×10^{-2} M
KCl	= 5.00×10^{-2} M

Table 4.21

Efeito da variação de [Cl] na constante de velocidade a 35 C

Non variable constituents	Variable constituent	$k_1 \times 10^4\,\text{s}^{-1}$
	$KCl = \times 10^2\,M$	
2- methyl propan -1-ol = $1.00 \times 10^{-2}\,M$	1	8.36
Rh(III) = $2.00 \times 10^{-6}\,M$	2	6.86
$HClO_4 = 2.00 \times 10^{-2}\,M$	3	3.48
[BAT] = $2.50 \times 10^{-3}\,M$	5	2.06
	7	1.42
	10	0.54

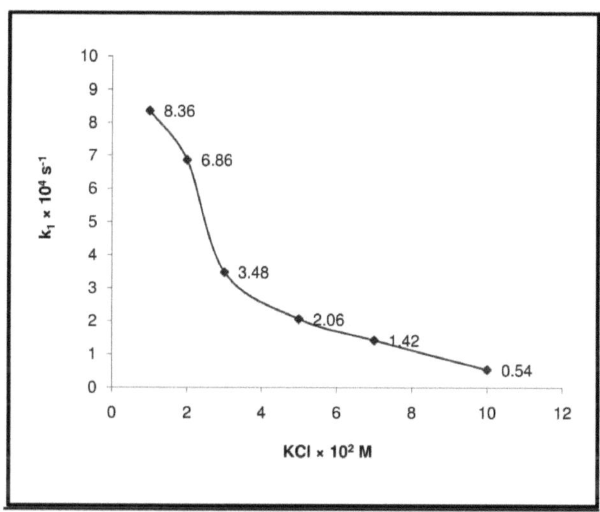

Figura 4.17

Gráfico entre k1 e [KCl] a 35 °C para a oxidação do 2-metil propan-1-ol

Estado:

[BAT]	$= 2.50 \times 10^{-3}\,M$
Rh(III)	$= 2.00 \times 10^{-6}\,M$
$HClO_4$	$= 2.00 \times 10^{-2}\,M$
2- methyl propan -1-ol	$= 1.00 \times 10^{-2}\,M$

Table 4.22

Efeito da variação da força iónica na constante de velocidade a 35 C

Non variable constituents	Variable constituents	Ionic strength	$k_1 \times 10^4 \, s^{-1}$
	$NaClO_4 = \times 10^2 \, M$	$\mu \times 10^2 \, M$	
2- methyl propan -1-ol = $1.00 \times 10^{-2} \, M$	0.00	8.00	2.04
$Rh(III) = 2.00 \times 10^{-6} \, M$	3.00	11.00	2.06
$HClO_4 = 2.00 \times 10^{-2} \, M$	6.00	14.00	2.07
$KCl = 5.00 \times 10^{-2} \, M$	9.00	17.00	2.04
	11	19.00	2.00
	14	22.00	2.09
	21	28.00	2.08

Table 4.23

Efeito da variação da p-toluenossulfonamida na constante de velocidade a 35 °C

[þ-TSA ×10³M]	$k_1 \times 10^4 \, s^{-1}$
0.00	2.05
0.50	2.05
1.00	2.08
1.50	2.10
2.00	2.12
3.00	2.08
4.00	2.05

Quadro 4.24

Efeito da variação da temperatura na constante de velocidade a 35 C°

Temperature $^\circ$C	$k_1 \times 10^4 \, s^{-1}$
30	1.32
35	2.14
40	3.54
45	5.62

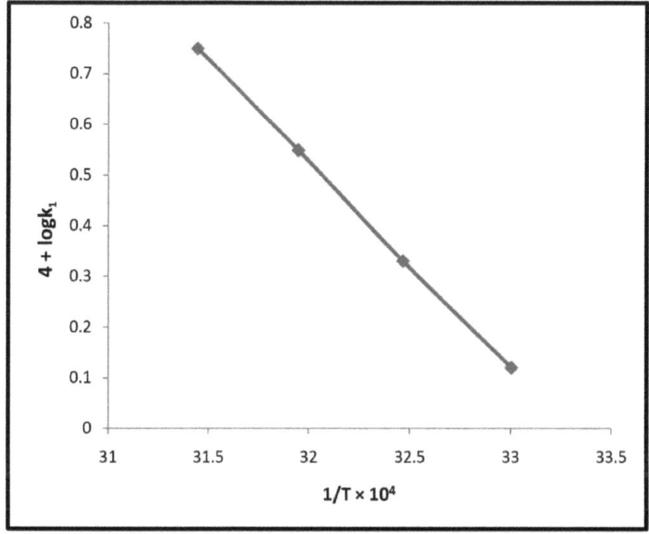

Figura 4.18

Gráfico entre log k₁ e (1/T) a 35 °C para a oxidação do 2-metil propan-1-ol

A constante de taxa de primeira ordem k1 foi observada à temperatura de 30° C, 35° C, 40° C e 45° C. As diferentes temperaturas foram utilizadas para descobrir os vários parâmetros de ativação na oxidação do 2-metil propan-1-ol (Tabela-4.24). O valor da energia de ativação é calculado a partir da figura 4.18. O valor de Δ E é de 18,76 para o 2-metil propan-1-ol.

(D) OXIDAÇÃO DO 2-METIL-BUTANO -1-OL

A presente investigação diz respeito ao estudo da determinação da ordem de reação em relação à bromamina-T. Foi efectuada uma série de experiências com concentrações variáveis de bromamina-T, mas com concentrações fixas de todos os outros reagentes, a 35 C e os resultados são apresentados na Tabela 4.25. Observou-se que a reação proposta segue uma cinética de primeira ordem em bromamina-T. O valor da constante de primeira ordem, ou seja, k_1 , foi determinado a partir da fórmula

$$k_1 = - \frac{\frac{dc}{dt}}{[BAT]}$$

Em que [BAT] é a concentração de bromamina -T à qual - dc/dt foi determinada a partir do declive da curva obtida ao traçar o gráfico de [BAT] não consumido em função do tempo. No caso da oxidação do álcool 2-metil butano-1-ol, o valor de k1 foi determinado pela equação de primeira ordem. Uma experiência dos dados da Tabela-4.25 mostra claramente que, em todas as reacções aqui realizadas, o valor de k1 permanece quase constante, independentemente da concentração inicial de [MTD], indicando assim uma primeira ordem em relação à bromamina -T na reação proposta. Na oxidação do 2-metil-butano-1-ol, obtém-se uma linha paralela com um declive quase igual Fig-4.19 quando o valor de log [BAT]$_t$ é representado em função do tempo. Este facto confirma o primeiro lugar no que diz respeito à bromamina -T na reação proposta. Uma das principais caraterísticas da presente investigação consiste em determinar a ordem de reação em relação ao substrato, ou seja, o 2-metil-butano-1-ol.

O 2-metil butano-1-ol foi oxidado por bromamina -T na presença de cloreto de Rh (III) como catalisador em meio ácido. Para este efeito, foram realizadas várias experiências com concentrações variáveis de 2-metil-butano-1-ol do composto acima mencionado e com concentrações fixas de todos os outros reagentes, sendo os resultados experimentais apresentados na Tabela-4.26. No caso da oxidação do 2-metil butano-1-ol, todos os cálculos foram efectuados para calcular a constante de velocidade. Quando se traça um gráfico entre o valor de k1 e a concentração do substrato redutor, obtém-se uma linha reta que passa pela origem (Figura 4.20), o que confirma a dependência de primeira ordem da reação com o 2-metil butano-1-ol.

Quadro 4.25

Efeito da variação de [BAT] na constante de velocidade a 35 C

Non variable constituents	Variable constituent	$k_1 \times 10^4 \, s^{-1}$
	$[\,BAT\,] \times 10^3 \, M$	
2- methyl butan-1-ol = 1.00×10^{-2} M	1.00	1.76
Rh(III) = 1.00×10^{-6} M	1.25	1.76
$HClO_4$ = 2.00×10^{-2} M	1.64	1.76
KCl = 5.00×10^{-2} M	2.25	1.76
	2.50	1.77
	4.00	1.78

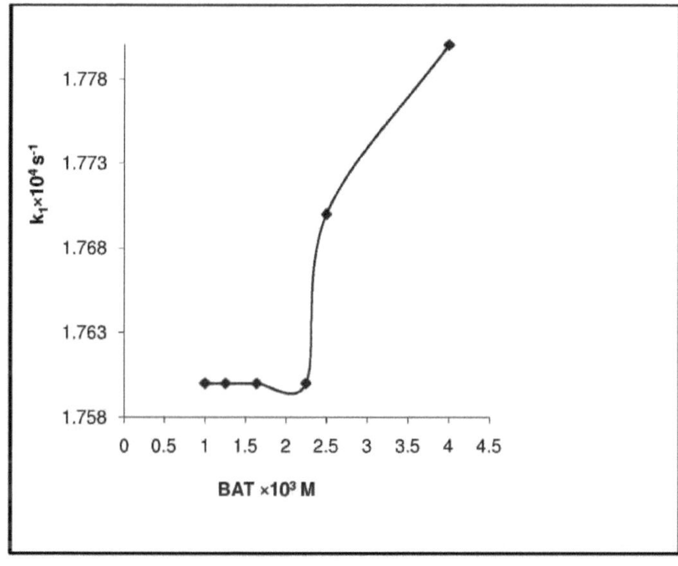

Figura 4.19

Gráfico entre k₁ e [BAT*] a 35 °C para a oxidação de 2-metil-butano-1-ol Condição:

2- methyl butan -1-ol	= 1.00×10^{-2} M
Rh(III)	= 1.00×10^{-6} M
$HClO_4$	= 2.00×10^{-2} M
KCl	= 5.00×10^{-2} M

Além disso, foi feita uma tentativa de estudar o efeito da variação do ião hidrogénio na velocidade da reação. O ácido perclórico foi utilizado como fonte de iões de hidrogénio. Uma vez que os iões perclorato são considerados iões inactivos, a variação do ácido perclórico apenas provoca a variação dos iões hidrogénio. Para atingir o objetivo da presente investigação, foram realizadas várias experiências com [HClO4] em concentrações variáveis e com concentrações fixas de todos os outros reagentes, e os resultados cinéticos são apresentados na tabela 4.27. O valor de -dc/dt foi determinado da forma habitual. O valor de k1 também foi determinado como habitualmente. As medições cuidadosas dos dados cinéticos apresentados na Tabela 4.27 reflectem claramente que existe uma relação linear entre o valor de k1 e a concentração de HClO$_4$, indicando uma primeira ordem em relação ao ácido perclórico. A primeira ordem no ácido perclórico é também óbvia a partir do valor de k1 Vs [HClO4] representado na Figura 4.21 na oxidação do 2-metil butano-1-ol. Obtém-se uma linha reta que passa pela origem, confirmando assim a cinética de primeira ordem em relação ao ácido perclórico.

No entanto, o efeito da variação da concentração de cloreto de ródio (III) na taxa de reação das reacções propostas. A fim de investigar o efeito do ródio (III) na velocidade de reação. Foram efectuadas diferentes experiências com variações de Rh (III) na oxidação do composto proposto, sob o mesmo conjunto de condições de experiências discutidas na tabela 4.28 para a oxidação do 2-metil-butano-1-ol. Os valores de -dc/dt e k1 foram também determinados como na nossa comunicação anterior. É evidente a partir dos dados que, com o aumento de Rh(III), o valor de k1 também aumenta. [BAT] indica nos quadros seguintes a concentração de 2-metil butano-1-ol para a qual se determinou -dc/dt. É evidente a partir dos dados da Tabela-4.28 que existe uma relação linear entre o valor de k1 e a concentração de Rh(III) na oxidação do substrato, mostrando assim a dependência de primeira ordem da reação em relação ao Rh(III). A cinética de primeira ordem em Rh(III) é ainda mais comprovada e confirmada quando se obtém uma linha reta que passa pela origem. A Figura-4.22 é obtida ao traçar o valor de k1 contra Rh (III) em todos os processos. Assim, a ordem da reação em relação ao cloreto de Rh (III) é uma em todos os processos. Assim, a ordem da reação em relação ao cloreto de Rh (III) é a mesma na oxidação do 2-metil-butano-1-ol por uma solução ácida de bromamina-T.

Os dados cinéticos obtidos com concentrações variáveis de cloretos de potássio a concentrações fixas de todos os outros reagentes na oxidação do substrato são apresentados na Tabela-4.29. A Tabela-4.29 mostra claramente que, ao aumentar a concentração de cloreto de potássio, o valor da constante de velocidade de primeira ordem diminui no caso da oxidação do 2-metil-butano-1-ol. A observação anterior também é clara a partir da curva obtida ao traçar o valor de k1 em função de [KCl], que mostra uma diminuição da concentração de cloreto de potássio [figura-4.23].

Quadro 4.26

Efeito da variação do 2- metil butano -1-ol na constante de velocidade 35 C

Non variable constituents	Variable constituent	$k_1 \times 10^4 \, s^{-1}$
	2- methyl butan-1-ol $\times \, 10^{2}$ M	
[BAT] = 2.00×10^{-3} M	0.40	0.79
Rh(III) = 1.00×10^{-6} M	0.55	1.05
HClO$_4$ = 2.00×10^{-2} M	0.75	1.43
KCl = 5.00×10^{-2} M	1.15	1.69
	1.25	2.14
	2.50	4.38

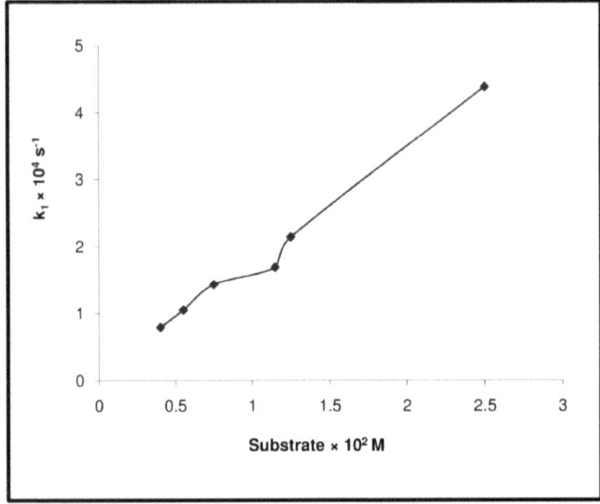

Figura 4.20 Gráfico entre k₁ **e [Substrato] a 35 °C**

Estado:

$$[BAT] \quad = 2.00 \times 10^{-3} \, M$$
$$Rh(III) \quad = 1.00 \times 10^{-6} \, M$$
$$HClO_4 \quad = 2.00 \times 10^{-2} \, M$$
$$KCl \quad = 5.00 \times 10^{-2} \, M$$

Quadro 4.27

Efeito da variação de [H$^+$] na constante de velocidade a 35 C

Non variable constituents	Variable constituent	$k_1 \times 10^4 \, s^{-1}$
	$HClO_4 = \times 10^2$ M	
2- methyl butan -1-ol = 1.00×10^{-2} M	1.00	0.81
Rh(III) = 1.00×10^{-6} M	1.25	1.11
[BAT] = 2.00×10^{-3} M	1.65	1.33
KCl = 5.00×10^{-2} M	2.00	1.68
	2.50	2.03
	4.75	4.18

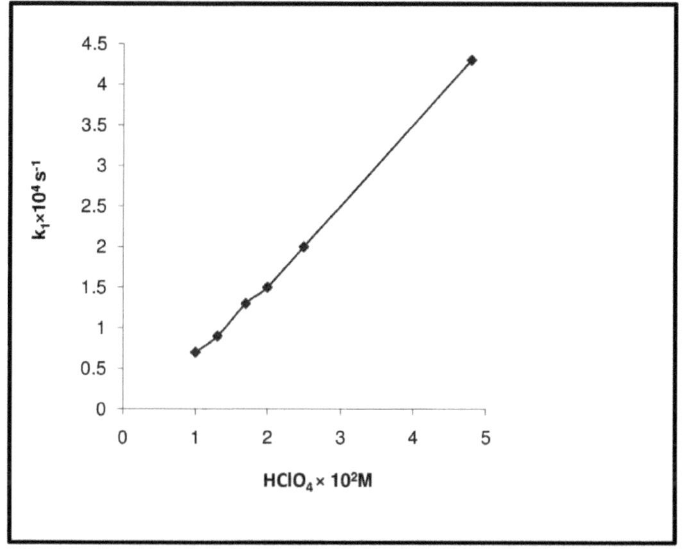

Figura 4.21

Gráfico entre k1 e [HClO4] a 35 °C para a oxidação do 2-metil-butano-1-ol

Estado:

[BAT]	$= 2.00 \times 10^{-3}$ M
Rh(III)	$= 1.00 \times 10^{-6}$ M
2- methyl butan -1-ol	$= 1.00 \times 10^{-2}$ M
KCl	$= 5.00 \times 10^{-2}$ M

Quadro 4.28

Efeito da variação de Rh (III) na constante de velocidade a 35 C

Non variable constituents	Variable constituent	$k_1 \times 10^4\,s^{-1}$
	$Rh(III) = \times 10^6\,M$	
2- methyl butan-1-ol = $1.00 \times 10^{-2}\,M$	1	0.81
[BAT] = $2.00 \times 10^{-6}\,M$	2	1.73
$HClO_4 = 1.00 \times 10^{-2}\,M$	3	2.63
KCl = $5.00 \times 10^{-2}\,M$	4	3.56
	5	4.64
	6	5.24

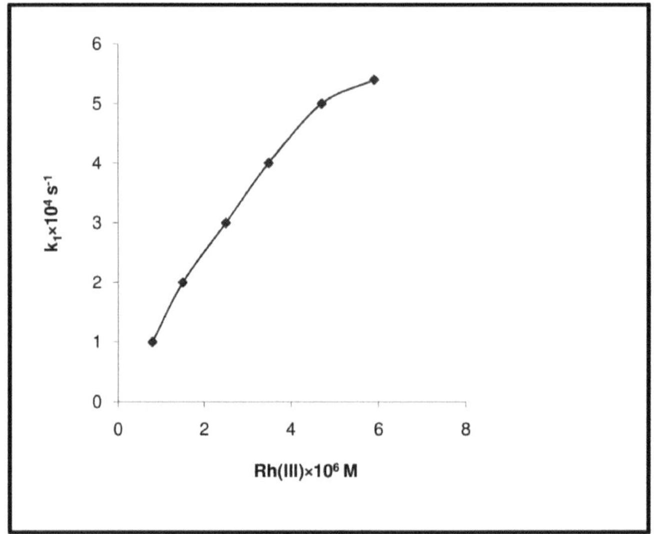

Figura 4.22

Gráfico entre k_1 e Rh(III) a 35 °C para a oxidação do 2-metil-butano-1-ol

Estado:

[BAT]	$= 2.00 \times 10^{-3}\,M$
$HClO_4$	$= 1.00 \times 10^{-2}\,M$
2- methyl butan -1-ol	$= 1.00 \times 10^{-2}\,M$
KCl	$= 5.00 \times 10^{-2}\,M$

Quadro 4.29

Efeito da variação de [Cl] na constante de velocidade a 35 C

Non variable constituents	Variable constituent	$k_1 \times 10^4 s^{-1}$
	$KCl = \times 10^2 M$	
2- methyl butan-1-ol = 1.00×10^{-2} M	1	13.85
Rh(III) = 1.00×10^{-6} M	2	9.27
$HClO_4 = 1.00 \times 10^{-2}$ M	3	6.56
[BAT] = 2.00×10^{-3} M	5	3.24
	7	2.13
	10	1.12

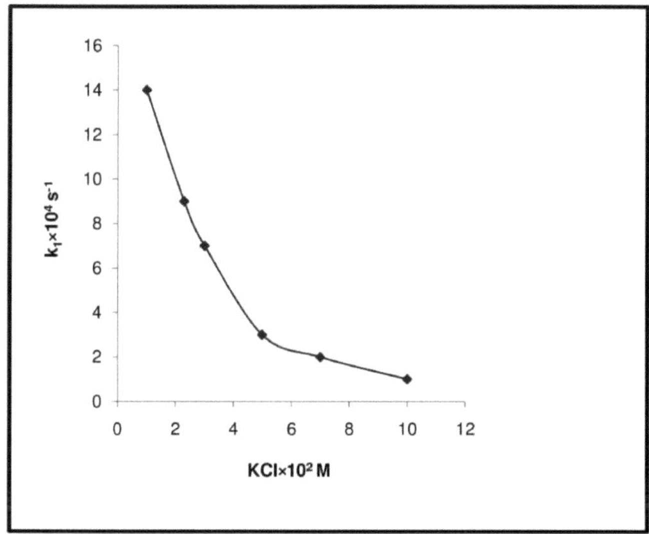

Figura 4.23

Gráfico entre k1 e KCl a 35 °C para a oxidação do 2-metil-butano-1-ol

Estado:

[BAT]	$= 2.00 \times 10^{-2}$, M
$HClO_4$	$= 1.00 \times 10^{-2}$ M
2- methyl butan -1-ol	$= 1.00 \times 10^{-2}$ M
Rh(III)	$= 1.00 \times 10^{-6}$ M

O efeito da variação da força iónica na velocidade de reação desempenha um papel importante na decisão da natureza das espécies reactivas dos reagentes na etapa determinante da velocidade. Neste estudo, portanto, o meu objetivo foi investigar o efeito da variação da força iónica na velocidade de reação. Os resultados obtidos na oxidação de 2-metil butano-1-ol por solução ácida de bromamina-T na presença de Rh(III) estão resumidos na Tabela-4.30. É óbvio a partir dos resultados que a constante da velocidade de reação em todos os casos não é afetada pela variação da força iónica do meio.

Neste estudo, foi feita uma tentativa de examinar o efeito da variação da adição de ^-toluenossulfonamida na velocidade de reação e os resultados estão resumidos na tabela-4.31. A Tabela-4.31 mostra claramente que a adição de p-toluenossulfonamida não provoca qualquer alteração na velocidade da reação de oxidação do 2-metil butano-1-ol por bromamina-T acidificada na presença de Rh(III).

A análise descreve o efeito da variação da temperatura na velocidade de reação da oxidação catalisada por Rh (III) do 2-metil-butano -1-ol por solução ácida de bromamina-T. As diferentes experiências foram realizadas a $30°$ C, $40°$ C, $45°$ C para a reação proposta e os resultados foram apresentados na Tabela-4.32. Os resultados da tabela mostram claramente que, com o aumento da temperatura, a velocidade da reação de oxidação do 2-metil butano-1-ol aqui investigada aumenta.

Os dados constantes da tabela-4.32 são representados graficamente através do traçado de um gráfico entre log k1 e 1/T. Em cada caso, obtém-se uma linha reta com um declive igual a -OE/2,0203 [figura-4.24] e, assim, a partir do declive, calcula-se o valor de OE, ou seja, a energia de ativação. O valor de OE é de 15,43 para o 2 - metil butano-1-ol.

Quadro 4.30

Efeito da variação da força iónica na constante de velocidade a 35 C

Non variable constituents	Variable constituents	Ionic strength	$k_1 \times 10^4 \, s^{-1}$
	$NaClO_4 = \times 10^2 \, M$	$\mu \times 10^2 \, M$	
2- methyl butan -1-ol = $1.00 \times 10^{-2} M$	0.00	6.00	4.38
Rh(III) = $1.00 \times 10^{-6} M$	3.00	9	4.42
$HClO_4 = 1.00 \times 10^{-2} M$	6.00	12	4.46
KCl = $5.00 \times 10^{-2} M$	9.00	15	4.32
	12.00	18	4.36
	15.00	21	4.40
	18.00	28	4.42

Quadro 4.31

Efeito da variação da p-toluenossulfonamida na constante de velocidade a 35 °C

[p-TSA $\times 10^3 M$	$k_1 \times 10^4 \, s^{-1}$
0.00	4.45
0.50	4.48
1.00	4.49
1.50	4.49
2.00	4.45
3.00	4.47
4.00	4.47

Quadro 4.32

Efeito da variação da temperatura na constante de velocidade a 35 C

Temperature $^\circ$C	$k_1 \times 10^4\,s^{-1}$
30	1.11
35	1.68
40	2.56
45	3.84

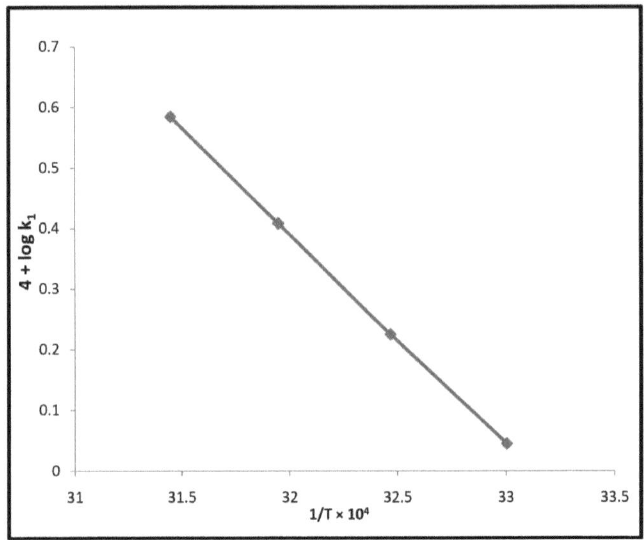

Figura 4.24

Gráfico entre log k₁ e (1/T) a 35 °C para a oxidação do 2-metil butano-1-ol

IV.II MECANISMO DE OXIDAÇÃO

A hidrólise da bromamina-T ocorre de acordo com o seguinte equilíbrio.

$$CH_3C_6H_4SO_2NNaBr + H_2O \rightarrow CH_3C_6H_4SO_2NH_2 + Na\,BrO...(1)$$

(onde CH3C6H4SO2 será agora escrito como Ts em todo o lado).

Além disso, prevê-se que ocorram também as seguintes reacções parciais

$$Ts\,N.Na\,Br + H_2O \rightarrow Ts\,NHBr + NaOH \quad ... (2)$$

$$2\,Ts\,NHBr \rightarrow TsNBr_2 + Ts\,NH_2 \qquad ...(3)$$

$$TsN\,Br_2 + NaOH \rightarrow Ts\,NHBr + NaBrO \qquad ...(4)$$

$$Ts\,NHBr + NaOH \rightarrow Ts\,NH_2 + NaBrO \qquad ...(5)$$

O hipobromato de sódio numa solução ácida ou neutra dá origem ao ácido hipobromoso.

$$NaBrO + H_2O \rightarrow NaOH + HOBr$$

Foi descrito por Bishop e Jennings que se estabelecem diferentes equilíbrios no processo hidrolítico, o que também foi apoiado por Dietzel e Toufel, o processo hidrolítico da bromanina-T que, sendo um eletrólito forte, se dissocia primeiro como se indica a seguir.

$$Ts\,NNaBr \rightarrow TsNBr^- + Na^+ \qquad ....(7)$$

Em solução ácida, ocorre a protonação de um anião formado acima e, como resultado, forma-se o ácido livre abaixo indicado.

$$TsNBr^- + H^+ \rightarrow Ts\,NHBr \qquad ....(8)$$

O ácido livre assim formado forma a dibromamina-T, como se indica a seguir, juntamente com a p-toluenossulfonamida

$$2\ TsNHBr \rightarrow Ts\,NBr_2 + Ts\,NH_2 \ ....(9)$$

O ácido livre e a dibromanina-T hidrolisam-se como indicado nas equações (10) e (11)

$$TsNHBr + H_2O \rightarrow Ts\,NH_2 + HOBr \ ..(10)$$

$$Ts\,NBr_2 + H_2O \rightarrow TsNHBr + HOBr \ ..(11)$$

Dos equilíbrios acima referidos depreende-se que qualquer uma das espécies acima referidas, ou seja, a própria bromamina-T (BAT), TsNHBr, HOBr e dibromamina-T, pode estar envolvida como principal espécie oxidante.

LEI DE TAXA PARA A OXIDAÇÃO CATALISADA DE 2-METIL PROPAN -1-OL POR BROMAMINA-T

Com base nos resultados descritos no parágrafo anterior, foi proposto o mecanismo de oxidação do 2-metil propan-1-ol pela bromamina-T. A lei de velocidade derivada com base no mecanismo é dada pela equação (1) para o 2-metil-propano-1-ol, que apresenta uma cinética semelhante. Neste caso, $[RhCl_5 .H_2 O]$ foi considerado como espécie reactiva de Rh(III).

$$d[BAT]/dt = nk_2k_1k_2k_3 [BAT] [S] [Rh (III)] [H^+]/[Cl^-] + k_1 [H_2O] \quad ...(1)$$

Em que [BAT] = Bromamina-T

S= 2-metil propan-1-ol utilizado neste caso

n= Número de equivalências necessárias para oxidar cada mole de substratos.

Na presente investigação, foi feita uma tentativa de interpretar os resultados cinéticos obtidos no parágrafo anterior para a oxidação do 2-metil propano -1-ol por solução ácida de bromamina-T na presença de Rh(III) como catalisador homogéneo. Antes de os dados cinéticos serem utilizados para elucidar as vias de reação para várias reacções, é essencial discutir primeiro as espécies reactivas da bromamina-T e do Rh (III) em meio ácido. Na secção seguinte, apresenta-se o resumo das observações cinéticas.

NATUREZA DAS ESPÉCIES REACTIVAS DO CLORETO DE RÓDIO (III) EM MEIO ÁCIDO

A natureza das espécies reactivas do cloreto de ródio (III) em meio ácido dependerá do efeito da variação da concentração de iões cloreto na velocidade da reação. Em ácido clorídrico, o cloreto de Rh (III) forma $[RhCl]_6^{3-}$ que está em equilíbrio com $[RhCl_5.H_2O]^2$ como indicado abaixo.

$$[RhCl_6]^{3-} + H_2O \rightarrow [RhCl_5.H_2O]^{2-} + Cl^- \quad ... (1)$$

Os nossos resultados cinéticos indicam um efeito negativo dos iões cloreto que favorece o equilíbrio (1) para o lado direito. Assim, pode assumir-se com segurança que $[RhCl_5 .H_2 O]^2$ é a verdadeira espécie reactiva do cloreto de ródio (III) em meio ácido.

NATUREZA DAS ESPÉCIES REACTIVAS DO CLORETO DE RÓDIO (III) EM MEIO ÁCIDO

Antes de os dados cinéticos serem utilizados para elucidar as vias de reação para várias reacções, é essencial discutir primeiro as espécies reactivas de bromamina-T e Rh (III) em meios ácidos. Na secção seguinte, apresenta-se o resumo das observações cinéticas.

A natureza das espécies reactivas do cloreto de ródio (III) em meio ácido dependerá do efeito da variação da concentração de iões cloreto na velocidade da reação. Em ácido clorídrico, o cloreto de Rh (III) forma $[RhCl_6]^{3-}$, que está em equilíbrio com $[RhCl_5.H_2O]^{2-}$, como indicado abaixo.

$$[RhCl_6]^{3-} + H_2O \rightarrow [RhCl_5.H_2O]^{2-} + Cl^- \quad ... (1)$$

Os nossos resultados cinéticos indicam um efeito negativo dos iões cloreto que favorece o equilíbrio (1) para o lado direito. Assim, pode assumir-se com segurança que

O $[RhCl_5 .H_2 O]$ é a verdadeira espécie reactiva do cloreto de ródio (III) em meio ácido.

NATUREZA DAS ESPÉCIES REACTIVAS DA BROMAMINA -T EM MEIO ÁCIDO

Em meios ácidos, a bromamina-T apresenta-se sob diversas formas. Por conseguinte, antes de apresentar os mecanismos de vários processos redox, é essencial discutir as espécies reactivas exactas de bromamina-T aqui envolvidas com base em observações experimentais.

Sendo a bromamina-T um eletrólito forte,[37-42] dissocia-se como se indica a seguir.

$$CH_3C_6H_4SO_2NNaBr \rightarrow CH_3C_6H_4SO_2NBr^- + Na^+ \quad ... (1)$$
$$[BAT] \qquad\qquad\qquad [BAT]^-$$

Em meio ácido, o $[BAT^-]$ absorveria o protão para formar ^- toluenesulphobromamida, como indicado a seguir.

$$(BAT)^- + H^+ \rightarrow CH_3C_6H_4SO_2NHBr \qquad \ldots (2)$$
$$[BAT]$$

Para além da formação de BAT, prevê-se que uma parte do [BAT^{-1}] seja convertida em DBT (dibromo p-toluenossulfonamida) e em sulfonamida livre (PTS), como indicado a seguir.

$$2\,[BAT]^- + 2H^+ \rightarrow CH_3C_6H_4SO_2NBr_2 + CH_3C_6H_4SO_2NH_2 \quad \ldots (3)$$
$$(DBT) \qquad\qquad (PTS)$$

É agora bastante óbvio, com base na discussão anterior, que qualquer uma das três espécies, [BAT]$^-$. [BAT] e DBT é responsável pela propriedade oxidante da bromamina-T em meio ácido. No caso presente, se se assumir [BAT]$^-$ ou DBT como espécies reactivas da bromamina-T, a lei de velocidade derivada nesta base não está em conformidade com os resultados cinéticos observados experimentalmente. Por conseguinte, nenhuma destas duas espécies acima referidas pode ser considerada como uma espécie reactiva real envolvida nas reacções e, assim, tendo em conta o que precede, a única escolha que resta é [BAT], que pode ser considerada como estando ativamente envolvida nos processos redox. Além disso, quando a lei da taxa é derivada com base na [BAT] como espécie reactiva, verifica-se que está de acordo com os resultados cinéticos. Por conseguinte, a [BAT] pode ser considerada a espécie reactiva no presente caso.

MECANISMO DE OXIDAÇÃO CATALISADA POR RH(III) DO ÁCIDO 2,3-CETOGLUTÁRICO, 2-METIL PROPAN-1-OL E 2-METIL BUTAN-1-OL EM SOLUÇÃO ÁCIDA DE BROMAMINA- T:

O mecanismo de reação para as reacções de título pode agora ser elucidado com a ajuda de espécies reactivas de bromamina-T e cloreto de ródio (III) em meios ácidos, onde S representa cetoácidos e álcoois.

$$[RhCl_6]^{3-} + H_2O \xrightarrow{K_1} [RhCl_5(H_2O)]^{2-} + Cl^- \qquad \ldots(I)$$
$$(C_1) (C_2)$$

$$C_2 + S \xrightarrow{K_2} [RhCl_5S]^{2-} + H_2O \qquad \ldots(II)$$
$$(C_3)$$

$$CH_3C_6H_4SO_2NBr^- + H^+ \xrightarrow{K_i} CH_3C_6H_4SO_2NHBr \qquad \ldots(III)$$
$$[BAT^-] K_{ii} [BAT]$$

$$C_3 + BAT \xrightarrow{k_2} [RhCl_5H]^{3-} + Y + H^+ \qquad \ldots(IV)$$

Passo lento e determinante do ritmo

em que Y é um produto intermédio.

$$[RhCl_5H]^{3-} + [BAT] + H_2O \xrightarrow{K_3} CH_3C_6H_4SO_2NH_2 + Br^- + [RhCl_5(H_2O)]^{2-} \ .(V)$$

$$Y + [BAT] \xrightarrow{k_4} \text{Final products} \qquad \ldots(VI)$$

Com base nas etapas de reação acima propostas, a lei de velocidade pode ser derivada como se indica a seguir.

O total de [Rh (III)] pode ser escrito como eqn (1).

$$[Rh\ (III)]_T = [C_1] + [C_2] + [C_3] \qquad \ldots(1)$$

Do equilíbrio (I) temos

$$k_1 = \frac{[C_2]\ [Cl^-]}{[C_1]}$$

ou

$$[C_1] = \frac{[C_2]\ [Cl^-]}{K_1} \qquad \ldots(2)$$

Do mesmo modo, a partir do equilíbrio (II), temos

$$[C_2] = [C_3]/ K_2 [S] \qquad \qquad ...(3)$$

Comparando as equações (2) e (3), obtém-se a equação (4)

$$[C_1] = \frac{[C_3]\ [Cl^-]}{K_1 K_2 [S]} \qquad \qquad ...(4)$$

Substituindo os valores de $[c_1]$ da eq. (4) e $[c_2]$ da eq. (3) na eq. (1), obtém-se finalmente a eq. (5) por simplificação.

$$[Rh(III)]_T = \frac{[C_3]\ [Cl^-]}{K_1 K_2 [S]} + \frac{[C_3]}{K_2 [S]} + [C_3]$$

$$\text{or} \quad [Rh(III)]_T = [C_3] \left[\frac{[Cl^-]}{K_1 K_2 [S]} + \frac{1}{K_2 [S]} + 1 \right]$$

$$\text{or} \quad [Rh(III)]_T = [C_3] \frac{[Cl^-] + K_1 + K_1 K_2 [S]}{K_1 K_2 [S]}$$

$$[C_3] = \frac{K_1 K_2 [S]\ [Rh(III)]}{[Cl^-] + K_1 + K_1 K_2 [S]} \qquad \qquad (5)$$

A velocidade da reação pode agora ser escrita em termos do consumo de bromamina-T, como indicado na equação (6)

$$- \frac{d[BAT]}{dt} = nk_2 [C_3]\ [BAT] \qquad \qquad ...(6)$$

em que n é o número de moles de [BAT] necessário para oxidar um mol de substrato.

Considerando as equações (5) e (6), temos a seguinte equação resultante (7)

$$- \frac{d[BAT]}{dt} = \frac{nk_2\, K_1 K_2 [S]\, [Rh(III)]\, [BAT]}{[Cl^-] + K_1 + K_1 K_2\, [S]} \qquad \dots\dots\dots\dots\dots\dots(7)$$

Aplicando o tratamento de estado estacionário a [BAT] e considerando a equação (7), obtém-se a equação (8)

$$- \frac{d[BAT]}{dt} = \frac{nk_2\, K_1 K_2 K_3\, [BAT]\, [S]\, [H^+]\, [Rh(III)]}{K_1 K_2\, [S] + K_1 + [Cl^-]} \qquad (8)$$

where $K_3 = K_1/K_1$

Assumindo novamente $K1 K2\,[S] << (k1 + [Cl^-])$, temos a equação (9)

$$- \frac{d[BAT]}{dt} = \frac{nk_2\, K_1 K_2 K_3\, [BAT]\, [S]\, [H^+]\, [Rh(III)]_T}{K_1 + [Cl^-]} \qquad (9)$$

A lei de velocidade (9) satisfaz plenamente e está de acordo com todos os resultados cinéticos observados. Explica claramente todas as ordens cinéticas em relação a todos os reagentes. Revela o efeito negativo dos iões cloreto. Também mostra um efeito negligenciável da ^-toluenossulfonamida e da força iónica do meio. Assim, o mecanismo proposto é válido.

IV .III DISCUSSÃO E INTERPRETAÇÃO DOS RESULTADOS

Observações preliminares

O problema intitulado "A Kinetic and mechanistic study of Rh(III) catalyzed oxidation of some keto acids and alcohols by bromamine -T trata do mecanismo de oxidação do ácido 2-ceto glutárico, do ácido 3-ceto glutárico, do 2-metil propan-1-ol e do 2-metil butan-1-ol, sugerindo que estas reacções ocorrem a uma taxa mensurável à temperatura (35°C). O estudo pormenorizado da velocidade foi efectuado a uma temperatura mensurável, ou seja, 35^0 C, respetivamente. Uma vez que existe uma pequena diferença entre as actividades destes compostos, este ponto será discutido nas páginas seguintes.

Verifica-se que, na condição [MTD] << [substrato], a reação segue uma cinética de primeira ordem em [MTD], todas estas reacções são homogéneas e caracterizadas por um período de indução. O período de indução pode ser explicado em termos de aproximação lenta do estado estacionário.

Nestas páginas subsequentes, faremos uma descrição comparativa de todas as reacções estudadas. A cinética química desempenha um papel muito importante e acrescenta um manancial valioso e precioso de informações à sua literatura, como é óbvio.

O estudo do mecanismo dos compostos orgânicos é um assunto de grande importância para todos os químicos, não só porque requer a consideração das propriedades e reacções dos compostos orgânicos e inorgânicos, mas sobretudo porque tem vastas implicações relacionadas com a compreensão da natureza da vida.

CARACTERÍSTICAS GERAIS DA OXIDAÇÃO DE CETOÁCIDOS E ÁLCOOIS COM [BAT]

Antes de elaborar o mecanismo real do percurso da reação, seria melhor, nesta fase, revisitar os resultados registados no capítulo IV, que conduzem à seguinte conclusão:

Os dados cinéticos foram recolhidos para uma concentração cinco vezes superior de oxidante [BAT] a uma concentração fixa de outros reagentes e temperatura. Os gráficos lineares de log (a-x) vs. Tempo, sugerem que a dependência da taxa de primeira ordem em relação ao oxidante.

A leitura das tabelas sugere que a constante de velocidade de pseudo-primeira ordem aumenta com o aumento da concentração de substrato. O gráfico de k1 versus [substrato] é linear, passando pela origem a baixa concentração.

Esta é a prova de que a formação de um complexo durante a reação.

Os produtos finais do ácido 2- ceto glutárico e do ácido 3- ceto glutárico são o ácido fórmico e o formaldeído, que foram testados pelo método convencional (Feigle 1956)[84] . Os aldeídos correspondentes foram formados como produtos finais da oxidação de álcoois, que foram identificados pela determinação dos pontos de fusão. (Divya Gupta 2013)[85-86] . As determinações estequiométricas sugerem uma relação molar de 1:1 para o substrato e o oxidante [BAT].

O parâmetro de ativação, nomeadamente a energia de ativação (Ea), para cada reação é calculado para o sistema cetoácidos-[BAT] e, de acordo com o mecanismo de reação, foram discutidas a equação da velocidade e a ordem da reação.

Com base nestes resultados, poderá ser proposto um caminho de reação provável para esta oxidação nas páginas seguintes.

DEPENDÊNCIA DA TAXA DA CONCENTRAÇÃO DO OXIDANTE (BAT)

Foi realizada uma série de experiências com o tema "A Estudos cinéticos e mecanísticos da oxidação catalisada por Rh(III) de alguns cetoácidos e álcoois por bromamina -T" e são apresentados os resultados obtidos para o efeito de variações de cinco vezes de [BAT] na velocidade de reação. A dependência de primeira ordem da velocidade de reação em relação à concentração de oxidante foi determinada por integração, isolamento de Ostwald e métodos gráficos, mantendo os outros parâmetros constantes. A dependência de primeira ordem da velocidade de reação em relação à concentração de oxidante é evidenciada pelos gráficos lineares de log (a-x) versus tempo com um declive quase unitário para cada substrato em estudo.

Os valores da constante de velocidade de primeira ordem avaliados a partir destes gráficos estão em excelente concordância com os valores calculados a partir da equação de velocidade de primeira ordem. (Sheela Srivastava 1991)[87] .

Cinética de primeira ordem semelhante da reação com o oxidante também foi relatada por alguns investigadores/autores com outros compostos (Bharat Singh et.al.)[11-43] .

DEPENDÊNCIA DA TAXA DA CONCENTRAÇÃO DO SUBSTRATO

Verifica-se que a constante da taxa de ordem fraccionada em relação a [substrato] aumenta com o aumento das concentrações mais baixas, mas tende para ordem zero a concentrações mais elevadas. O gráfico de k1 versus [substrato] é linear, passando pela origem a baixas concentrações, mas a concentrações mais elevadas inclina-se para o eixo x. O gráfico duplo recíproco entre 1/k1 e 1/[substrato] é linear com interceção no eixo y. Com base nos resultados acima referidos, conclui-se que-

O gráfico de k1 vs. [substrato] é inicialmente linear passando pela origem e tende a obter um valor limite, curvando-se em direção ao eixo horizontal. Assim, a reação segue um comportamento de ordem fraccionada em relação às concentrações de cada substrato.

Esta é a prova de que a formação de um complexo durante a reação. Maruthamuthu e Santapa (1977) registaram opiniões semelhantes em[88] .

DEPENDÊNCIA DA TAXA DE OXIDAÇÃO DA CONCENTRAÇÃO DE ÁCIDO

Na série seguinte de experiências foram concebidas e os dados cinéticos foram recolhidos para uma variação de cinco vezes do ácido perclórico ($HClO_4$) a uma concentração fixa de outros reagentes e temperatura sob as mesmas condições, sendo apresentados os resultados resumidos das variações mencionadas. Os estudos cinéticos e mecanísticos da oxidação catalisada por Rh(III) de alguns ceto-ácidos e álcoois para a investigação em causa mostraram um efeito negligenciável na taxa porque a taxa de reacções aumenta ligeiramente com o aumento da concentração de ácido. Os valores de k1 vs. [$HClO_4$] mostraram constância, sugerindo que as reacções são de primeira ordem em relação à concentração de ácido. O gráfico de k1 versus [$HClO_4$] é linear, com interceção no eixo y e declive positivo. Vários autores/co-trabalhadores relataram visões semelhantes com outros oxidantes. (OP Gupta 2010)[89] .

DEPENDÊNCIA DA TAXA EM RELAÇÃO AOS CATALISADORES

O catalisador Rh(III) é um catalisador homogéneo eficiente para a oxidação de cetoácidos e álcoois. O Rh(III) foi utilizado para estudar o efeito catalítico nas reacções. Foi observado que pequenas quantidades de Rh(III) aceleram a taxa de reação em todos os casos. O estudo foi iniciado com uma concentração quíntupla de outros reagentes e temperatura. Os dados cinéticos assim obtidos foram apresentados. As reacções catalisadas por Rh(III) foram estudadas por vários trabalhadores utilizando diferentes oxidantes (O.P. Gupta 1994)[90] .

ESTEQUIOMETRIA E ANÁLISE DE PRODUTOS

Os estudos estequiométricos de cetoácidos e álcoois pelo sistema [BAT], à temperatura experimental, revelam que por cada mole de substrato é consumido um mole de oxidante.

Os produtos de oxidação correspondentes ao ácido fórmico e aos aldeídos foram identificados para cada oxidação qualitativa e cromatograficamente. O estudo exclui completamente a formação de radicais livres pela adição de acrilonitrilo olefínico (monómero) ao sistema em estudo.

A não ocorrência de turvação e de precipitado branco exclui a polimerização. Também foram registadas opiniões semelhantes na literatura (O.P Gupta 1994)[90] .

CAMINHOS MECANÍSTICOS PARA A OXIDAÇÃO DE ÁLCOOIS CÍCLICOS

Os dados cinéticos, tal como resumidos no início das várias secções do Capítulo IV, revelam que a velocidade da reação segue uma cinética de primeira ordem. Na oxidação de cetoácidos e álcoois, verificou-se que os respectivos resultados cinéticos são semelhantes na sua finalidade.

Pode, portanto, concluir-se que, para a oxidação dos cinco álcoois cíclicos com [BAT], o mecanismo pode ser proposto de acordo com o esquema seguinte:

DERIVAÇÃO DA LEI DAS TAXAS:

Com base nos resultados cinéticos e no mecanismo proposto, a seguinte expressão de taxa pode ser derivada aplicando uma aproximação de estado estacionário,

Resumo: Parâmetros Ea para cetoácidos e álcoois - sistema BAT	Ea KJ mol^{-1}
1. Ácido 2- ceto glutárico	15.64
2. Ácido 3- ceto glutárico	16.23
3. 2- metil propan-1-ol	18.76

4. 2-Metil-butano-1-ol	15.43

Uma vez que Ea é a medida da reatividade de um composto, espera-se que o composto mais reativo tenha um valor Ea mais baixo e que o menos reativo tenha um valor Ea mais elevado. Os valores obtidos na presente investigação estão em conformidade com a tendência de reatividade já explicada no parágrafo anterior. As oxidações catalíticas de Rh(III) de álcoois são uma área frutuosa de investigação em cinética química. A química da oxidação química tem sido objeto de interesse, especialmente no domínio da oxidação catalisada por Rh(III). Alguns inconvenientes da oxidação catalisada por Rh(III) de cetoácidos e álcoois provam que, devido à sua natureza homogénea em metal inativo, o oxidante catalisado por Rh(III) se decompõe. Por outro lado, para elaborar o comportamento catalítico que emprega metais de transição que activam prontamente a reação de oxidação do complexo d^6 Rh(III), bem como conhecido na química organometálica. Além disso, foi demonstrada a ativação da bromamina -T pelo complexo de Rh(III). No entanto, as oxidações catalíticas que empregam Rh(III) são escassas, aqui, relatamos que um complexo simples de Rh(III) catalisou a oxidação de 2-metil propan-1-ol. Os produtos finais ácido fórmico e formaldeído foram testados pelo método convencional (Feigle, 1956)[84].

As cetonas ou o grupo ceto em qualquer substrato proporcionam três locais reais de ataque: formas negativas, neutras ou positivas. A forma positiva é excluída com base na transferência de electrões do grupo ceto. Os nossos resultados cinéticos não nos permitem assumir que os iões negativos sejam a forma ativa do ácido ceto-glutárico, sendo a condição para tal que a concentração de iões de hidrogénio diminua a velocidade, contrariamente ao efeito insignificante observado do ião de hidrogénio na velocidade. Por conseguinte, a forma enol (neutra) do ácido cetoglutárico é a única escolha óbvia para o verdadeiro local de ataque. (Vikesh Kumar & Divya Gupta)[91-92]. Em condições experimentais e à luz dos resultados cinéticos observados, a própria bromamina -T é a única escolha óbvia como espécie oxidante no nosso caso. Propõe-se que um ião [BAT] interaja com uma forma enol (neutra) do ácido cetoglutárico para formar um intermediário numa etapa lenta e determinante da velocidade, seguida da sua subsequente interação rápida com outroião [BAT] que dá origem ao produto. Além disso, os principais produtos da oxidação dos álcoois são os aldeídos correspondentes. O produto identificado foi confirmado através da medição dos seus pontos de fusão.

Mecanismo:

A análise mecanicista da reação proposta e as suas implicações para o estudo da oxidação da bromamina-T catalisada por metais de transição. As caraterísticas do presente estudo, nomeadamente a análise mecanicista da ativação da bromamina-T por um complexo de metal de transição, e a reação ilustram uma nova escala para a catálise por Rh(III). Devido à simplicidade do nosso sistema catalítico, a bromamina - T é realizada com um complexo reativo de Rh(III) e o $[RhCl_5 (H_2 O)]^{2-}$ tradicionalmente utilizado na hidrogenação catalítica por ativação C-H. A principal caraterística do presente estudo foi o facto de a bromamina-T ser necessária para a viragem catalítica direta. O âmbito da reatividade foi investigado como se mostra na equação (1). O progresso da oxidação de álcoois com bromamina-T catalisada pela equação 1 foi investigado principalmente através da alteração da concentração de bromamina-T, sob o mesmo conjunto de condições mencionado no presente estudo. A partir dos dados cinéticos, a reação apresentou uma dependência de primeira ordem de [catalisador] e bromamina-T. Para monitorizar a viabilidade catalítica destas espécies, investigámos a oxidação de álcoois primários em condições semelhantes. As novas espécies foram designadas como o complexo $[RhCl5 (H2O)]2-$, Monitorizamos a viabilidade das espécies como intermediários examinando a sua reatividade e a sua competência cinética na oxidação de álcoois primários. Os resultados reflectem que $[RhCl5(H2O)]2-$, como um intermediário chave no processo catalítico para a oxidação de álcoois. Um mecanismo plausível e uma equação de taxa que é consistente com os dados apresentados no esquema como discutido na secção anterior. A formação da equação é rápida em relação à escala de tempo da reação catalítica. Este facto foi confirmado pela observação de que, nos últimos anos, os estudos mostram que metade dos sistemas catalíticos utilizados na indústria química orgânica pesada são homogéneos. As principais caraterísticas do catalisador homogéneo são a descoberta da natureza das espécies cataliticamente activas. Em ambos os tipos de sistemas, ou seja, heterogéneos e homogéneos, tem de ocorrer uma interação entre o reagente e o catalisador. Na nossa presente investigação sobre o catalisador homogéneo de Rh(III), podemos esperar que a situação seja comparativamente simples, uma vez que o número de tipos de sítios de coordenação no complexo metálico cataliticamente ativo é necessariamente limitado. Como já foi referido, o tipo de reação acima referido tem de ser seguido da deslocação do produto do local de reação. A espécie catalítica pode ser regenerada quando o produto se torna uma espécie química livre.

V. Conclusão:

A tese aborda a importância da medição cinética com o seu conceito básico e as principais técnicas de medição para estabelecer a sua aplicação no sector industrial são também discutidas e apresentadas. A investigação e o desenvolvimento contínuos dos parâmetros cinéticos têm como objetivo fornecer uma ferramenta para uma melhor gestão de factores importantes na deteção, processamento e manutenção da qualidade do produto final para satisfazer as expectativas cada vez maiores dos consumidores.

Além disso, o processo cinético e o mecanismo têm sido estudados por várias razões, tais como o estudo do processo de salvação, associação e propriedades de transporte dos iões em diferentes meios solventes. Estes processos dependem da carga, do raio, do número de hidratos dos iões e da natureza dos solventes.

A oxidação do composto Rh(III) pela bromamina-T mostra que a reação é de primeira ordem na bromamina-T e foi observada uma dependência de primeira ordem de cada ácido cetoglutárico.

A variação do ácido perclórico mostra uma primeira ordem nos iões H^+. Neste caso, foi observada uma primeira ordem em Rh(III). Foi observado um efeito insignificante da força iónica. A adição de $^\wedge$-tolueno sulfonamida não influenciou a reação.

A adição de iões de cloro diminui a velocidade da reação. O aumento da temperatura aumenta acentuadamente a velocidade de reação.

1. Os estudos cinéticos que utilizam o [BAT] como oxidante numa série de reacções levam-nos a concluir que a sua atividade é muito limitada e precisa de ser explorada numa via larga. Possui uma potencialidade vital com um sistema de dois electrões e apresenta comportamentos interessantes a condições moderadas de temperatura.

2. O estudo constituirá um marco e abrirá caminho para que futuros investigadores esclareçam o mecanismo que utiliza o NBSa como oxidante para outros compostos orgânicos, como os benzidrolos, as acetofenonas, as cetonas alifáticas e os hidroxiácidos, de forma semelhante. A contribuição e a informação através do estudo cinético enriquecerão em grande medida a literatura química em revistas.

3. Este trabalho pode ser melhor e mais adequadamente utilizado alguns ramos da ciência para os quais a cinética é relevante são -

Ramo	Aplicação da cinética
Biologia	Processo fisiológico (por exemplo, digestão e metabolismo), crescimento bacteriano, crescimento de tecidos de malignidade.
Engenharia química	Conceção do reator
Eletroquímica	Processos de eléctrodos
Geologia	Processos de fluxo
Química inorgânica	Mecanismo de reação
Engenharia mecânica	Metalurgia física, mobilidade de deslocação de cristais.
Química orgânica	Mecanismo de reação
Farmacologia	Ação do medicamento, farmacodinâmica
Física	Viscosidade, difusão, processos nucleares
Psicologia	Tempo subjetivo, memória.

4. Os seus aspectos aplicados podem ser avaliados nas indústrias de espuma, analítica, separação química e identificação de compostos orgânicos e nas indústrias de papel e pasta de papel.

Sugestões para trabalhos futuros

As actividades do nosso laboratório centram-se em dois grandes domínios:

1. Desenvolvimento de novos modelos cinéticos para vários sistemas de reação com verificação experimental; e extensão da metodologia de engenharia de reacções químicas a processos químicos benignos para o ambiente.

2. Nova metodologia de produção de biodiesel utilizando catalisadores de resina de permuta iónica. O custo de produção é uma consideração fundamental no desenvolvimento de combustíveis. O objetivo é assegurar que o custo seja semelhante

ao dos processos de produção convencionais.

3. Outra área de concentração é a conceção optimizada de aditivos alimentares biologicamente activos contendo várias vitaminas que funcionam como inibidores de oxigénio ativo ou antioxidantes. Outros tópicos de investigação são a aplicação combinada de ultra-sons e foto-catalisadores para a esterilização e decomposição/eliminação de substâncias tóxicas, a conceção óptima de microcápsulas biocompatíveis sensíveis ao ambiente e a produção de materiais biologicamente activos através da cultura de células vegetais, etc.

4. Para além dos trabalhos experimentais, estamos também empenhados na análise teórica baseada na cinética das reacções e nos fenómenos de transporte, a fim de proporcionar uma compreensão e um conhecimento mais profundos dos fenómenos químicos e biológicos.

5. Nova metodologia de produção de biodiesel utilizando catalisador de resina de permuta iónica

6. Conceção óptima de aditivos alimentares biologicamente activos contendo várias vitaminas que funcionam como supressores de oxigénio ativo ou antioxidantes

7. Conceção de uma nova enzima para uma degradação altamente eficiente da celulose

8. Produção de materiais biologicamente activos através da cultura de células vegetais

REFERÊNCIAS:

1.   Mahasukhonthachat K, Sopade P A, Gidley M J, Journal of Food Engineering , 96,1, 18-28 [2010].

2.   Garfinkel D, Garfinkel L, Review of Biochemistry, 39,473-498 [1978].

3.   Nendza M, Seydel J K, Ecotoxicol Envioron Saf., 19, 2, 228241 [1990].

4.   Gore D C, Wolfe K A, Hibbert J M, Surgery, 122, 3, 593-599 [1997].

5.   Sestak J, Thermochimica Ata , 3, 1, 1-12 [1971].

6.   Garven G, Annual Review of Earth and Planetary Science, 23, 89117[1995].

7.   Frost A, Pearson R, J Phys Chem, 65, 2, 384 - 384 [1961].

8.   Contereras C, Martin Esparza M E, Journal of Food Engineering, 88, 1, 55-64 [2008].

9.   Knawam A, Flagan D R, Journal of Pharm. Sci. , 95, 3, 472-498 [2006].

10. Jegou C, ins S, Larche F, Journal of Neclear Materail , 280, 2, 216-229 [2000].

11. Andrzewska E, Ploymer , 50, 9, 2040-2047 [2009].

12. Waite T R, Phys Chem., 107, 463-470 [1957].

13. Lyubchik S I, Lyubchik S B, Colloids and Surfaces A: Physiochemical and Engineering Aspects, 242, 1-3, 151-158 [2009].

14. Montane D, Salvado J, Wood Science and Technology, 28, 6, 387-402 [1994].

15. Iwao Ojima e Ephraim S. Vidal, J. Org. Chem., 63 [22] 7999 -8003 [1998].

16. Jinhai Feng e Marc Garland, Organometálicos, 18 [3] 417-427[1999].

17. David A. Evans, Forrest E. Michael, Jason S Tedrow e Kevin R. Campos, 125 [12] 3534-3543 [2003].

18. Garret Hoge, J. Am. Chem. Soc., 125 [34] 10219-10227 [2003].

19. M.Tobias Zarka , Martin Bortenschlagerm Klaus Wurst, Oskar Nuyken, and Ralf Weberskirich , Organometallics, 23 [21] 4817-4820 [2004].

20. Ryo Shintani , Kazuhito Ueyama , Ichiro Yamada , e Tamio Hayashi, Org. Lett., 6 [19] 3425-3427 [2004].

21. Robert T. Yu e Tomislav Rovis, J. Am. Chem. Soc., 128[38] 1237012371 [2006].

22. Matsuo Nonoyama e Sachioyo Kajita, Trans. Met. Chem. 6, [3] 163165 [1981].

23. Roger M. Nielson, Michael J. Weaver, Organometallics, 8 [7] 16361643 [1989].

24. Maushumi Kakoti. Alok K. Deb, Sreebrata Goswami, Inorg. Chem., 31[7] 1302-1304 [1992].

25. Jiang -Lin Liang, Shi-Xue Yuan, Philip Wai Hong Chan e Chi-Ming Che, Org. Lett. 4[25] 4507-4510 [2002].

26. Elena Mas-Marza , Macarena Poyatos , Mercedes Sanau , e Eduardo Peris , 23[3] 323-325 [2004].

27. Nils Schroder, Fabian Lied, e Frank Glorius . J. Am. Chem. Soc., *137* (4), pp 1448-1451[2015].

28. Hong Deng, Hongji Li e Lei Wang. Org. Lett., *17* (10), 24502453[2015].

29. Christopher J. Teskey, Andrew Y. W. Lui, Michael F. Greaney. Angewandte Chemie International Edition, *54* [2015].

30. Xiaoming Wang, Da-Gang Yu, Frank Glorius. Angewandte Chemie International Edition *54*, 10280-10283[2015].

31. Siwei Zhang, Jie Zhou, Jingjing Shi, Min Wang, H. Eric Xu, Wei Yi. Chinese Journal of Catalysis *36*, 1175-1182 [2015].

32. Angel Manu Martinez, Javier Echavarren, Inés Alonso, Nuria Rodriguez, Ramón Gómez Arrayâs, Juan C. Carretero. Chem. Sci. *6*, 5802-5814 [2015].

33. Todd K. Hyster. Science. Oct 26; 338, 6106, [2012].

34. Wencel-Delord J. Angew Chem Int Ed Engl. Dec 21;51(52):13001- 5[2012].

35 Rakshit S, Grohmann C, Besset T, Glorius F. J Am Chem Soc. Mar 2; 133(8):2350-3[2011].

36 Huang X. Angew Chem Int Ed Engl. Dec 2; 52(49):12970-4[2013].

37 Park SH. Org Lett. May 6; 13(9):2372-5.[2011].

38 Sharma S. Org Lett. Feb 3;14(3):906-9, [2012]

39 Takeishi K. Chemistry. Nov 5; 10(22):5681-8 [2004].

40   J.R. Rostrupnielsen. Journal of Catalysis Volume 144, Issue 1, novembro, 38-49[1993].

41   . Singh, Bharat; Singh, A. K.; Singh, R. K.; Singh, N. B.; Saxena, B. B. L. , Natl. Acad. Sci. Lett. (India), 6(8), 265-70 [1983].

42   . Singh, Bharat; Tetrahedron, 40 [24] 5203-5206 [1984].

43   . Singh Bharat, Rajendra Chandra, Tetrahedron, 41 [14] 28712873[1985].

44   . Bharat Singh, A.K. Samant, B.B.L. Saxena, Tetrahedron, 38, [16] Páginas 2591-2593 [1982].

45   Puttaswamy et. al. J. Chem. Sci. Vol. 126, No. 6, pp. 1655-1664. novembro [2014].

46   Diwya1, Iyengar Pushpa1. Revista de Investigação em Ciências Químicas. Vol. 2(7), 7-15, julho [2012].

47   R Ramachandrappa1. Revista de Investigação em Ciências Farmacêuticas, Biológicas e Químicas. Volume 3 Issue 1 Page No. 835 janeiro - março [2012].

48   R. Ramachandrappa, Pushpa Iyengar e Usha Joseph. Journal of Chemistry. Volume [2013].

49   R. Ramachandrappa. Jornal Internacional de Cinética Química. 30(6):407-414,[1998].

50   Puttaswamy; S. M. Mayanna; N. M. Made Gowda. Síntese e Reatividade em Química Inorgânica e Metal-Orgânica 08, 31(9)(9):1553-1563 [2006].

51   Putta Swamy; Dandinasivara Siddalingaiah Mahadevappa. Boletim da Sociedade Química do Japão 61(2):543-547; [1988].

52   Alsediq A. Obeid. Rasayan J. Chem. Vol.2, No.4 786-790 [2009].

53   Vikram R Patil et.al.. Anais da Força Aérea Chinesa. 2(2): 6875[2014].

54   K. Vijay Mohan,P. Raghunath Rao, E.V. Sundaram : J. Indian Chem. Soc.,61,876.[1984].

55   M. Ganesan,M . Chandrasekakran,K. Ramarajan, K.Selvaraj :Bulletin of soc. Of kineticists of India,14(3),1 [1991].

56   V.K. Sharma, K. Sharma, A.Singh: Oxidation Commun., 13(4), 251 [1990]

57   . Mathew A Rude, Andreas Schirmer, Current Opinion in Microbiology, 12, [3] 274 [2009].

58   . Thomas J. Bruno, Arron Wolk e Alexander Naydich, Energy Fuels, *24* (4), 2758-2767 [2010].

59   . Michael R Connor, James C Liao, Current Opinion in Biotechnology, 20, [3] 307-315 [2009].

60   . Joshua D. Taylor, Madeline M. Jenni e Matthew W. Peters, Topics in Catalysis Volume 53, Números 15-18. 1224-1230 [2010].

61   . Jin-Soo Kim, Ji-Ho Yoon, Huen Lee, Fluid Phase Equilibria, 101, [31] 237-245 [1994].

Jingnan Lu; Christopher J. Brigham; Applied Microbiology and[62] Biotechnology. Volume 96, Issue 1, pp 283-297 [2012].

63   Cindy Ng Wei Ting; Jinchuan Wu. Bioquímica Aplicada e Biotecnologia. Volume 168, Número 6, pp 1672-1680[2012].

64   Cong T. Trinh. Microbiologia Aplicada e Biotecnologia. Volume 95, Edição 4, pp 1083-1094[2012].

65   Nobutaka Nakashima[1, ·] , Tomohiro Tamura[1] . Jornal de Biociências e Bioengenharia. Volume 114, Edição 1, julho Páginas 38-44[2012].

66   Shanshan Li Di Huang, Yong Li, Jianping Wen e Xiaoqiang Jia. Microbial Cell

Factories 11:101[2012].

67   H. S. Singh, R. K. Singh, S. M. Singh, A. K. Sisodia. J. Phys. Chem., 81 (11), pp 1044-1047[1977].

68   M. P. Singh, H. S. Singh, M. K. Verma. J. Phys. Chem., 84 (3), pp 256-259[1980].

69   D.P. Wallach, Biochemical Pharmacology, Volume 5, [4] 323-331 [1961].

70   . Ferrari Marisa Belicchi; Bisceglie Franco; Fava Giovanna Gasparri; Pelosi Giorgio; Tarasconi Pieralberto; Journal of Inorganic Biochemistry, 89, [1-2] 36-44 [2002].

71   Qisong Liu, Hong Zeng, Xianqiu Lan, Quanyi Wang e Hang Song*. J. Chem. Eng. Data, 55 (8), pp 2653-2657[2010].

72   Hang Song ,* Liangming Liu , Yongkui Zhang , e Chao Fu. J. Chem. Eng. Data, 49 (6), pp 1535-1538 [2004].

73   Inmaculada Santiago ,* Clara Pereyra , e Enrique Martinez de la Ossa. J. Chem. Eng. Data, 49 (3), pp 407-410 [2004].

74   I. Santiago ,* C. Pereyra , M. R. Ariza , e E. Martinez de la Ossa. J. Chem. Eng. Data, 52 (2), pp 458-462 [2007].

75   D.P. Wallach, Biochemical Pharmacology, Volume 5, [4] 323-331 [1961].

76   Ferrari Marisa Belicchi; Bisceglie Franco; Fava Giovanna Gasparri; Pelosi Giorgio; Tarasconi Pieralberto; Journal of Inorganic Biochemistry, 89, [1-2] 36-44 [2002].

77   . James B. Lohr, Herbert C. Friedmann, Biochemical and Biophysical Research Communications, 69, [4] 19 A, 908-913 [1976].

78   . F. Rocchiccioli* , J. P. Leroux, P. H. Cartier, Biological Mass Spectrometry, 11, [1] 24-28, [1984].

79   Dos Santos, M.L., De Magalhaes, G.C. Synthetic Communications. Volume 21, Número 17, Páginas 1783-1788 [1991].

80   Hiroshi Inoue, Yasuko Kubo e Hiroshi Yoneyama. J. Chem. Soc., Faraday Trans., 87, 553-557 [1991].

81   R. W. Hay e K. N. Leong . J. Chem. Soc. A, 3639-3647 [1971].

82   Wanfang Li, Xiaoming Tao, Xin Ma, Weizheng Fan, Xiaoming Li, Mengmeng Zhao, Xiaomin Xie, Zhaoguo Zhang .Chemistry - A European Journal. 18, 16531-16539 [2012].

83   Wan-Fang Li, Xiao-Min Xie, Xiao-Ming Tao, Xin Ma, Wei-Zheng Fan, Xiao-Ming Li, Zhao-Guo Zhang. RSC Advances. 2, 3214 [2012].

84   Feigle, F. Testes de manchas em análise orgânica. 5th Edition. (Elsevier. Amesterdão), página .331. [1956]

85   Vikesh Kumar. Investigação e revisão: Journal of Chemistry. Vol.2, Issue 3, 32-39(2013) [2016].

86   Vikesh Kumar. Revista de Ciências Químicas, Biológicas e Físicas. Vol. 6, Issue 1, Page 294-310) [2016].

87   Bharat Singh e Sheila Srivastava. Transition Metal Chemistry Volume 16, Número 4, 466-468, [1991].

88   P.Maruthamuthu , M. Santapa. Indian J. Chem., 15A, 420, [1977].

89   Santosh Kr Singh. O. P. Gupta, M. U. Khan, H. D. Gupta, S. K. Singh. Oxidation Communications 33, No 4, 891-897 [2010].

90   O.P. Gupta. Tese de doutoramento. Tese, pp-3-4, A.P.S. University Rewa, M.P., Índia, [1994].

91   Divya Gupta. Physical Chemistry: An Indian Journal Vol.8, Issue 5, 183-190[2013].

92   Vikesh Kumar. Investigação e revisão: Journal of Chemistry Vol.2, Issue 3, 16-22 [2013].

yes

I want morebooks!

Buy your books fast and straightforward online - at one of world's fastest growing online book stores! Environmentally sound due to Print-on-Demand technologies.

Buy your books online at
www.morebooks.shop

Compre os seus livros mais rápido e diretamente na internet, em uma das livrarias on-line com o maior crescimento no mundo! Produção que protege o meio ambiente através das tecnologias de impressão sob demanda.

Compre os seus livros on-line em
www.morebooks.shop

Printed by Books on Demand GmbH, Norderstedt / Germany